为爱编织

宝宝马甲背心连衣裙

廖名迪　主编

辽宁科学技术出版社

· 沈阳 ·

本书编委会

主　编　廖名迪

编　委　宋敏姣　樊艳辉　李玉栋

图书在版编目（CIP）数据

为爱编织：宝宝马甲背心连衣裙 / 廖名迪主编. —沈阳：
辽宁科学技术出版社，2014.9
ISBN 978-7-5381-8693-2

I. ①为… 　II. ①廖… 　III. ①童服—绒线—编织—图
集　IV. ① TS941.763.1-64

中国版本图书馆 CIP 数据核字（2014）第 129319 号

如有图书质量问题，请电话联系
湖南攀辰图书发行有限公司
地址：长沙市车站北路 649 号通华天都 2 栋 12C025 室
邮编：410000
网址：www.penqen.cn
电话：0731-82276692　82276693

出版发行：辽宁科学技术出版社
　　　　　（地址：沈阳市和平区十一纬路 29 号　邮编：110003）
印 刷 者：湖南新华精品印务有限公司
经 销 者：各地新华书店
幅面尺寸：210mm × 285mm
印　　张：7
字　　数：162 千字
出版时间：2014 年 9 月第 1 版
印刷时间：2014 年 9 月第 1 次印刷
责任编辑：卢山秀　攀　辰
摄　　影：龙　斌
封面设计：多米诺设计·咨询　吴颖辉　龙欢
版式设计：攀辰图书
责任校对：合　力

书　　号：ISBN 978-7-5381-8693-2
定　　价：28.00 元
联系电话：024-23284376
邮购热线：024-23284502

目录

CONTENTS

淑女连衣裙

热情似火的红色，腰间搭配上一条白色的花边，显得毛衣很可爱。

编织图解 049 ～ 050 页

蓝色花朵背心裙

这件毛衣选用了靓丽的天空蓝作为毛衣的主色调，明亮的颜色能给人一个同样好的心情。下摆处的红色梅花赋予了毛衣更多的意境。

编织图解 050 ～ 051 页

黑色小坎肩

简单素雅的黑色，领口处的单颗扣子
设计方便穿脱，衣襟处的花纹显得毛衣很
精致。

编织图解 052 页

花边连衣裙

　　明亮的橘色活泼热情，花边束腰背心裙设计甜美可人，衬托出孩子的天真烂漫。

编织图解 053 ～ 054 页

蓝色大翻领
背心裙

天空般纯净的蓝色，搭配上更加纯净的白色，给人一种很清爽干净的感觉，胸前的同色系小花则给毛衣增添了些许柔美的气息。

编织图解 054 ～ 055 页

小花朵背心裙

微暗的绿色加上珍珠扣的点缀，散发着一种宁静的美，犹如暗夜里静静开放的花朵。

编织图解 055 ～ 056 页

小兔子背心

这是一个基础款的背心，粉粉的颜色能衬托得小女孩更加漂亮，可爱的兔子图案也能让她爱不释手。

编织图解 057 页

双色系带毛衣

  胸前的麻花纹设计让毛衣富有活力，袖口的镂空设计很特别，腰间的系带设计可以调节大小，让孩子穿着更加合身。

编织图解 058 ～ 059 页

学院风小马甲

杏色主色调的马甲显得很稳重，学院风的款式很好搭配衣服。

编织图解 059 ～ 060 页

熊猫连帽马甲

绒线是一种很温暖舒适的材质，能给孩子更多的温暖。设计成熊猫的款式也很可爱，相信孩子会更喜欢。

编织图解 061 ～ 062 页

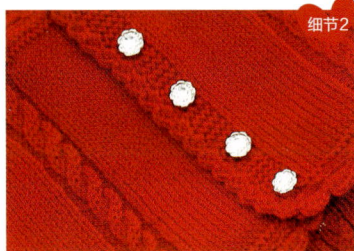

吊带背心套裙

双肩带的设计能让孩子穿着更加舒适，花边、卡通扣子和糖果色圆点的点缀，让整套背心裙显得更加可爱。

编织图解 062 ～ 063 页

蝴蝶结条纹毛衣

粉粉嫩嫩的颜色一向是小公主们的最爱，胸前的蝴蝶结能更好地衬托孩子的活泼可爱。

编织图解 063 ～ 064 页

复古花纹马甲

毛衣的花纹设计很复杂，要十分用心才能织出来，
是一件可以展现妈妈手艺的小马甲。

编织图解 065 ～ 066 页

细节1

细节2

可爱小鸡马甲

靛丽的颜色很漂亮，口袋位置的小鸡图案十分可爱，V领的设计方便搭配衣服。

编织图解 066 ～ 067 页

黄色镂空小马甲

暖暖的黄色是冬日的一抹阳光，马甲收口处的花纹
是很好的点缀，背后的镂空设计给予了马甲更多的亮点。

编织图解 068 ～ 069 页

玫红色淑女毛衣

毛衣下摆处的设计别具一格，有点小肉肉的孩子不用担心会露出圆滚滚的小肚子了，胸前的蝴蝶结更是增添了毛衣整体的甜美气息。

编织图解 069 ~ 070 页

大花纹小坎肩

短袖的小坎肩很适合在微凉的天气穿着，火红的颜色，大大的花纹图案，都体现出一种精致。

编织图解 071 ～ 072 页

个性小背心

大大的圆领，不规则的破洞设计，下
摆处的设计，无不体现出一种特别的感觉。

编织图解 072 ～ 073 页

优雅紫色背心裙

紫色是一种代表神秘的颜色，领口和袖口的花边显得很精致，胸前的蝴蝶结带给裙子更多的甜美感。

编织图解 074 ～ 075 页

粉色无袖毛衣

　　粉嫩的颜色让人一看就喜欢，金色玫瑰造型的扣子为毛衣增色不少。

编织图解 075 ～ 076 页

细节1

细节2

拼接小背心

背心运用了灰色和玫红色的完美
拼接，大大的色块运用得恰到好处。

编织图解 077 ～ 078 页

绿色小汽车马甲

深绿色显得很稳重，红色小汽车的图案又打破了一成不变的绿色，增添了一些活力。

编织图解 078 ～ 079 页

灰色卡通图案背心

深灰色会让孩子显得很文静，方块米奇的图案富有童趣，很符合孩子的喜好。

编织图解 080 ～ 081 页

细节1

细节2

纯色 V 领小背心

V 领的设计搭配沉稳内敛的深蓝色极具英伦风情，扭花的图案又赋予了毛衣些许活力。

编织图解 081 ～ 082 页

酒红色小马甲

大大的翻领和大大的袖口，这款马甲的造型比较独特，酒红的颜色也非常时尚。

编织图解 082 ～ 083 页

浅黄色小马甲

细节1

细节2

淡淡的黄色给人一种温暖的感觉，和尚领的设计穿着很舒适，胸前对称的花纹和下摆处的镂空花纹透露着精致。

编织图解 083 ～ 084 页

可爱狗马甲

这款马甲很适合在天气微凉的时候穿着，无袖的设计会在保暖的同时又不至于太闷热。

编织图解 085 ～ 086 页

细节1

细节2

粉色公主毛衣

粉色系能更好地体现宝宝的甜美和可爱，再加上领口的特别设计，穿上它，宝宝一定会非常出众。

编织图解 086 ～ 087 页

褶皱花纹连衣裙

　　三朵白色小花的点缀，搭配编织褶皱的花样，给此款浅绿色毛线编织的时尚童装添加了独特的韵味，可以让宝宝穿出公主的靓丽！

编织图解 088 ～ 089 页

Hello Kitty
连衣裙

Hello Kitty 永远是小女孩的最爱，粉色的花边和图案让连衣裙更加生动可爱。

编织图解 089 ～ 090 页

吊带

开衫

裙子

优雅淑女套装

开衫和吊带相结合的款式，带来不一样的视觉享受，搭配小摆裙，尽显淑女温柔婉约气质。

编织图解 091 ～ 092 页

细节1

细节2

细节3

典雅秀气
连衣裙

腰间的设计很新颖，为了打破蓝色的沉静，特别添加了一些波浪纹在毛衣上面，整件毛衣显得典雅而又大方。

编织图解 093 ～ 094 页

气质女孩短袖外套

典雅的颜色加上富有自然美的设计，再加上花朵纽扣，无疑是为这件外套添加了许多甜美。

编织图解 095 ～ 096 页

拼色帅气马甲

　　蓝白拼接的马甲在色彩上的运用把握得很好，毛衣镂空的设计可以更好的透气。

编织图解 096 ～ 097 页

甜美镶珠娃娃裙

粉色的裙子看起来很甜美，收腰的设计、亮珠的点缀，让小裙子更加甜美迷人。

编织图解 098 ～ 099 页

甜美背心裙

上半身麻花纹的设计和下摆镂空花纹的设计让毛衣透出淡淡的小公主味道，腰带毛茸茸的小球给毛衣平添了许多可爱的味道。

编织图解 100 ～ 101 页

梦幻优雅公主裙

开口的下摆设计很新颖，营造出梦幻公主的优雅韵味。可爱的蝴蝶结和花朵给公主裙增添了甜美元素。

编织图解 101 ～ 102 页

可爱钩织开衫

淡淡的鹅黄色开衫，笑脸娃娃的扣子搭配在毛衣上，显得毛衣更加可爱。

编织图解 103 ～ 104 页

细节1

细节2

细节3

细节4

带帽连衣裙

绿色给人活泼的感觉，帽顶的毛毛球又增添了一抹俏皮，腰间花纹非常可爱，宝宝穿上它定会非常出众。

编织图解 104 ～ 105 页

细节1

细节2

菠萝纹短袖毛衣

清新色彩的毛线编织的菠萝花纹注定了毛衣的淑女风格。

编织图解 **106** 页

细节1

细节2

金鱼花纹娃娃裙

麻花纹的动感加上金鱼花纹的俏皮，让毛衣立刻生动起来，宽松的下摆也增添了毛衣的可爱度。宝宝穿上它会显得非常有活力。

编织图解 107 ～ 108 页

細节1

细节2

蝴蝶结圆领娃娃装

开口的下摆很有特色，让宝宝穿起来宽松舒适。
蝴蝶结点缀更是让宝宝立刻成为焦点。

编织图解 108 ～ 109 页

绿色花朵无袖毛衣

绿色花朵和毛衣浑然一体，突出了毛衣的甜美感觉。无袖的设计个性十足哦！

编织图解 110 页

甜美娃娃衣

款式独特，设计精湛，颜色亮丽，足够吸引宝宝的注意，这么甜美的小衣是妈妈们给孩子的首选。

编织图解 111 页

百褶毛线裙

钩花的毛线裙甜美无敌，既可以当做上衣穿，又可以当做裙子穿，可谓是一衣多穿。

编织图解 112 页

◆ 编织图解

淑女连衣裙

【成品尺寸】衣长 35cm　胸围 28cm　袖长 9cm
【工　　具】10 号棒针 4 支　缝衣针 1 支
【材　　料】红色羊毛绒线 300g
【密　　度】10cm² ：30 针 × 40 行
【附　　件】纽扣 3 枚　蕾丝花边 1 片

【制作过程】

1. 衣用棒针编织，由一片前片、一片后片、两片袖片组成，从下往上编织。

2. 前片：分上下片编织，下片：用下针起针法，起 96 针，侧缝不用加减针，先织 2cm 花样 B 后改织全下针，织 14cm 时再改织 2cm 双罗纹，然后分散减 12 针，此时针数为 84 针，收针断线。

上片：（1）用下针起针法起 84 针，织花样 A，织 4cm 时进行袖窿减针，两边平收 4 针，然后减针，方法是：每 2 行减 2 针减 3 次，共减 6 针，余下针数不加不减织 13cm 至肩部。

（2）同时从袖窿算起织至 2cm 时，分左右两片编织，左片分出 46 针，继续编织花样 A，门襟的 4 针织花样 C，并开纽扣孔，织至 6cm 时，进行领窝减针，门襟处平收 4 针，然后减针，方法是：每 2 行减 1 针减 10 次，各减 10 针，织 5cm 至肩部余 12 针。右片在左片门襟内侧挑 4 针，与剩下针数共 46 针，继续编织，织法与左片一样。

3. 后片：分上下片编织，下片与前片的下片织法一样。

上片：（1）用下针起针法起 84 针，织 2cm 后，两边平收 4 针，然后进行袖窿减针，方法是 ：每 2 行减 2 针减 3 次，共减 6 针，平织 13cm 至肩部。

（2）同时从袖窿算起织至 11cm 时，开始开领窝，中间平收 32 针，然后两边减针，方法是：每 2 行减 1 针减 4 次，各减 4 针，至肩部余 12 针。

4. 袖片：下针起针法起 54 针，织花样 A，同时进行袖山减针，方法是：每 2 行减 1 针减 18 次，织 9cm 余 18 针，收针断线。同样方法编织另一袖片。

5. 缝合：将前片的侧缝与后片的侧缝对应缝合。前片的肩部与后片的肩部缝合，两袖片分别缝合于袖口。

6. 领片：领圈边挑 90 针，片织 3cm 花样 C，形成圆领。

7. 缝上蕾丝花边和纽扣。毛衣编织完成。

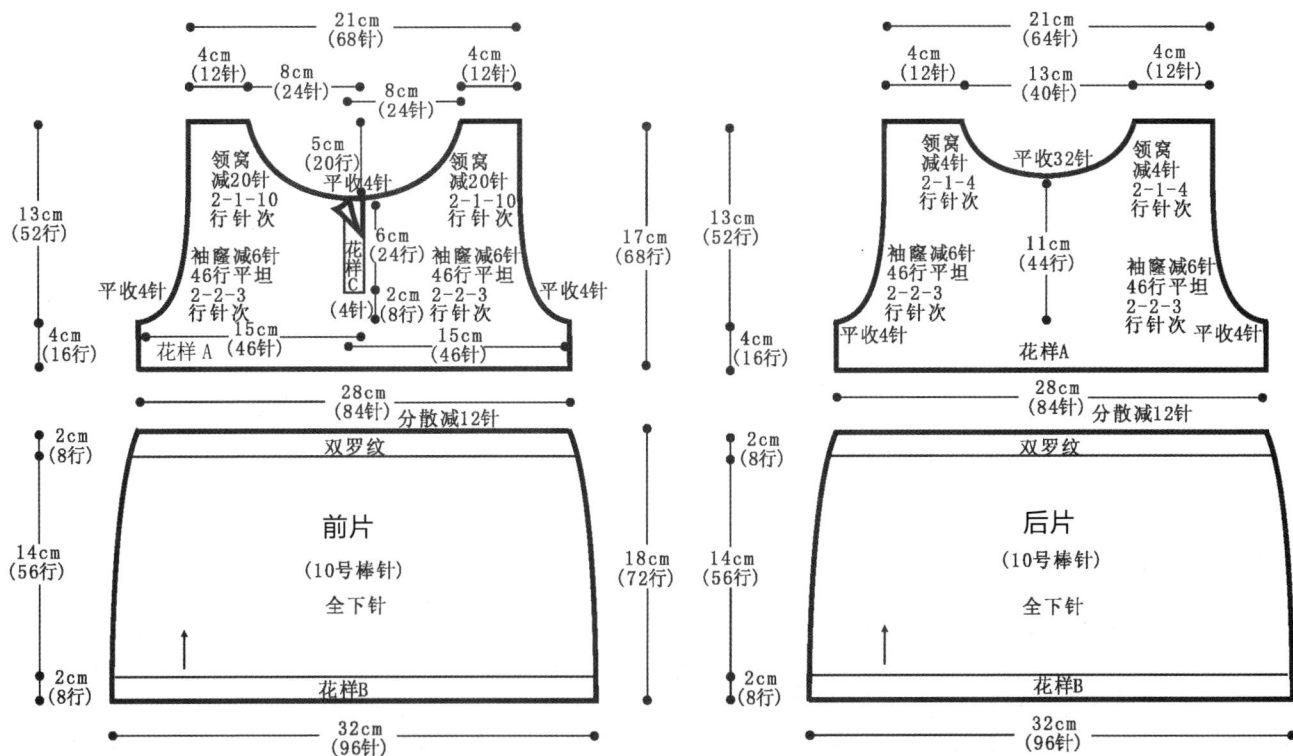

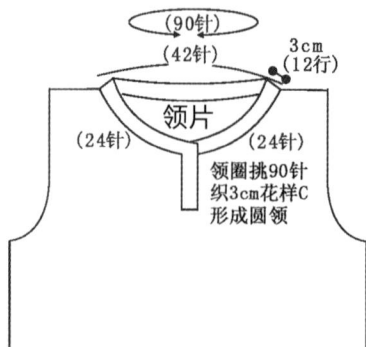

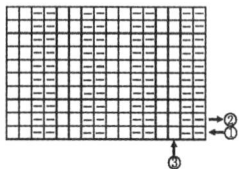

（90针）
（42针）
3cm
（12行）

领片

（24针）　　　（24针）

领圈挑90针
织3cm花样C
形成圆领

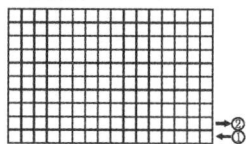

全下针

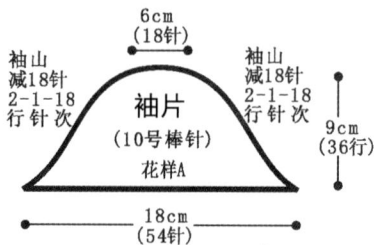

6cm
（18针）

袖山
减18针
2-1-18
行针次

袖片
（10号棒针）
花样A

袖山
减18针
2-1-18
行针次

9cm
（36行）

18cm
（54针）

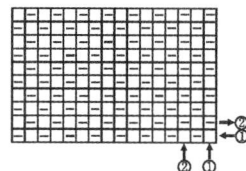

花样 C

双罗纹

花样 B

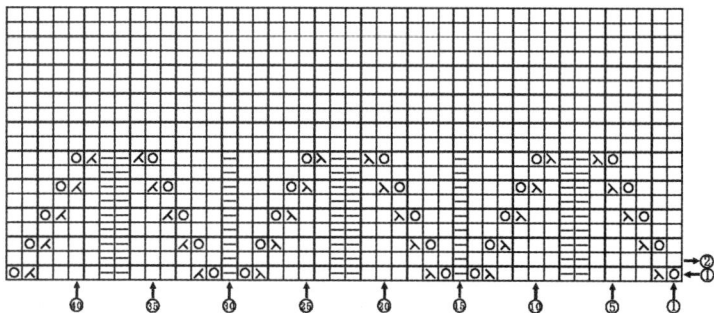

花样 A

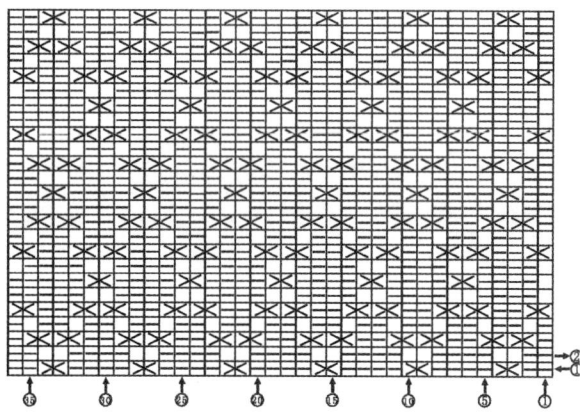

蓝色花朵背心裙

【成品尺寸】衣长 43cm　下摆 28cm
【工　　具】10 号棒针 4 支　缝衣针 1 支
【材　　料】蓝色羊毛绒线 300g　白色、红色线各少许
【密　　度】10cm² ：30 针 ×40 行
【附　　件】纽扣 3 枚

【制作过程】

1. 毛衣用棒针编织，由一片前片、一片后片组成，从下往上编织。

2. 前片：（1）用下针起针法，起 84 针，先织 2cm 花样后，改织全下针，并配色和编入图案，侧缝不用加减针，织 20cm 时改织双罗纹，再织 5cm 至袖窿。

（2）袖窿以上的编织：两边袖窿平收 4 针后减针，方法是：每 2 行减 1 针减 3 次，各减 3 针，不加不减织 58 行。

（3）同时从袖窿算起至 8cm 时，开始开领窝，中间平收 20 针，然后两边减针，方法是：每 2 行减 2 针减 5 次，各减 10 针，不加不减织 22 行至肩部余 15 针。

3. 后片：（1）袖窿和袖窿以下的编织方法与前片袖窿一样。

（2）同时织至袖窿算起 4cm 时，在中间平收 6 针作为纽扣门襟，然后分左右两片编织，分别织至 10cm 时，两边进行领窝减针，门襟处平收 7 针后减针，方法是：每 2 行减 2 针减 5 次，共减 10 针，织至肩部余 15 针。

4. 缝合：将前片的侧缝与后片的侧缝对应缝合。前片的肩部与后片的肩部缝合。

5. 后片门襟：两边门襟分别挑 30 针，织 2cm 花样，下部与平收的 6 针叠压缝合，形成纽扣门襟。

6. 袖口：两边袖口分别挑 92 针，环织 2cm 花样，并配色。

7. 领片：领圈边挑 124 针，织 2cm 花样，并配色，形成开襟圆领。

8. 缝上纽扣和前后衬片，毛衣编织完成。

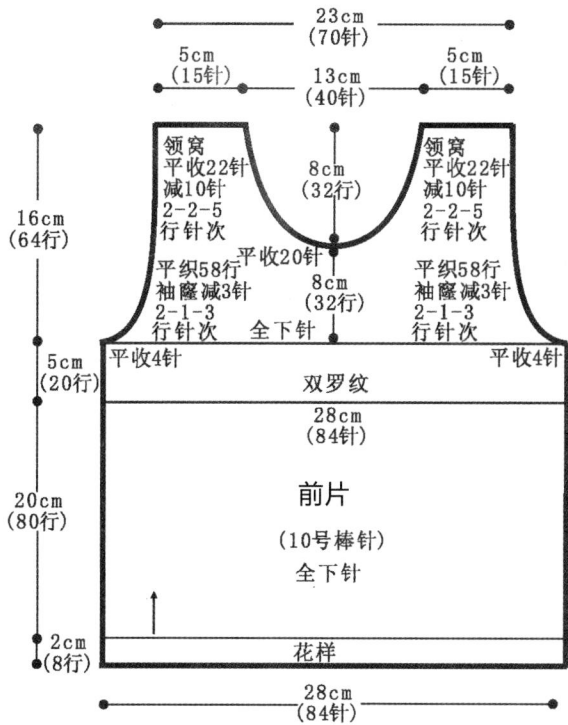

23cm（70针）
5cm（15针）　13cm（40针）　5cm（15针）

领窝
平收22针
减10针
2-2-5
行针次

8cm（32行）

领窝
平收22针
减10针
2-2-5
行针次

16cm（64行）

平织58行
袖窿减3针
2-1-3
行针次

平收20针

8cm（32行）

平织58行
袖窿减3针
2-1-3
行针次

全下针

5cm（20行）

平收4针　双罗纹　平收4针

28cm（84针）

前片

（10号棒针）

全下针

20cm（80行）

2cm（8行）　花样

28cm（84针）

43cm（172行）

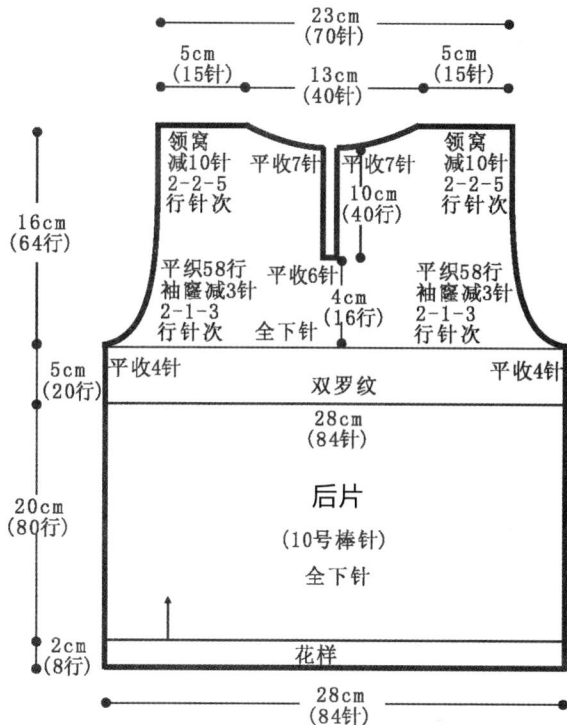

23cm（70针）
5cm（15针）　13cm（40针）　5cm（15针）

领窝
减10针
2-2-5
行针次

平收7针　平收7针

领窝
减10针
2-2-5
行针次

10cm（40行）

16cm（64行）

平织58行
袖窿减3针
2-1-3
行针次

平织6针

4cm（16行）

平织58行
袖窿减3针
2-1-3
行针次

全下针

5cm（20行）

平收4针　双罗纹　平收4针

28cm（84针）

后片

（10号棒针）

全下针

20cm（80行）

2cm（8行）　花样

28cm（84针）

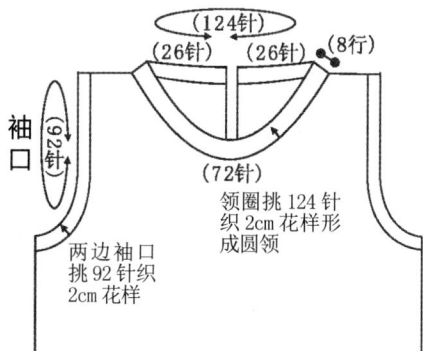

（124针）

（26针）（26针）　（8行）

袖口

（92针）

（72针）

领圈挑124针
织2cm花样形
成圆领

两边袖口
挑92针织
2cm花样

全下针

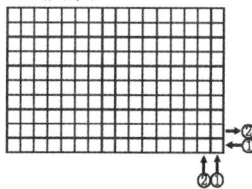

双罗纹

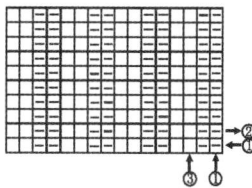

花样

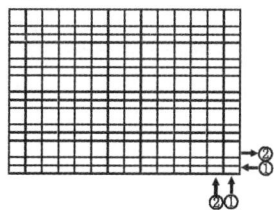

图案

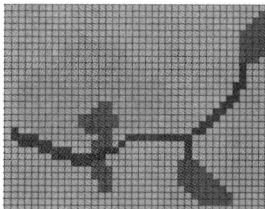

黑色小坎肩

【成品尺寸】衣长 20cm　下摆 29 cm　连肩袖长 12cm
【工　　具】10 号棒针 4 支　缝衣针 1 支
【材　　料】黑色羊毛绒线 200g
【密　　度】10cm² : 28 针 × 34 行
【附　　件】金属纽扣 1 副

【制作过程】

1. 毛衣用棒针编织，由两片前片、一片后片组成，从上往下编织。

2. 领口环形片：从领口起织，用下针起针法起 120 针，先织 6 行单罗纹，形成圆领，然后改织全下针，门襟处留 5 针织花样，并开始分前后片和两边袖口，然后分片之间留 1 针径，并在径的两边各加 1 针，加 20 次，织完 12cm 时，织片的针数为 304 针，环形片完成。

3. 开始分出前片、后片和两片袖口，（1）后片：分出 80 针，

继续编织全下针，侧缝不用加减针，织至 5cm 时改织 3cm 单罗纹，收针断线。

（2）前片：分左右两片编织。左前片：分出 20 针，继续编织全下针，侧缝不用加减针，织至 5cm 时改织 3cm 单罗纹，收针断线，同样方法编织右前片。

4. 袖口：左袖口分出 72 针，织环形片时袖口织 14 行单罗纹，形成袖口。同样方法编织右袖片。

5. 缝合：将前片的侧缝和后片的侧缝缝合。

6. 缝上纽扣。毛衣编织完成。

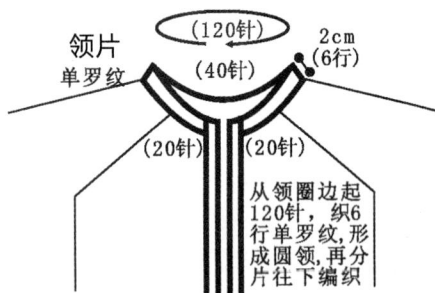

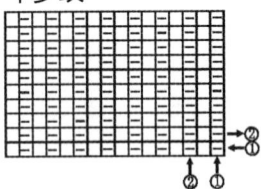

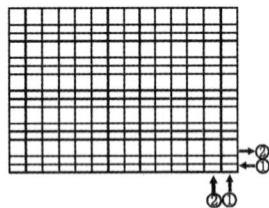

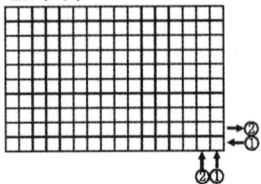

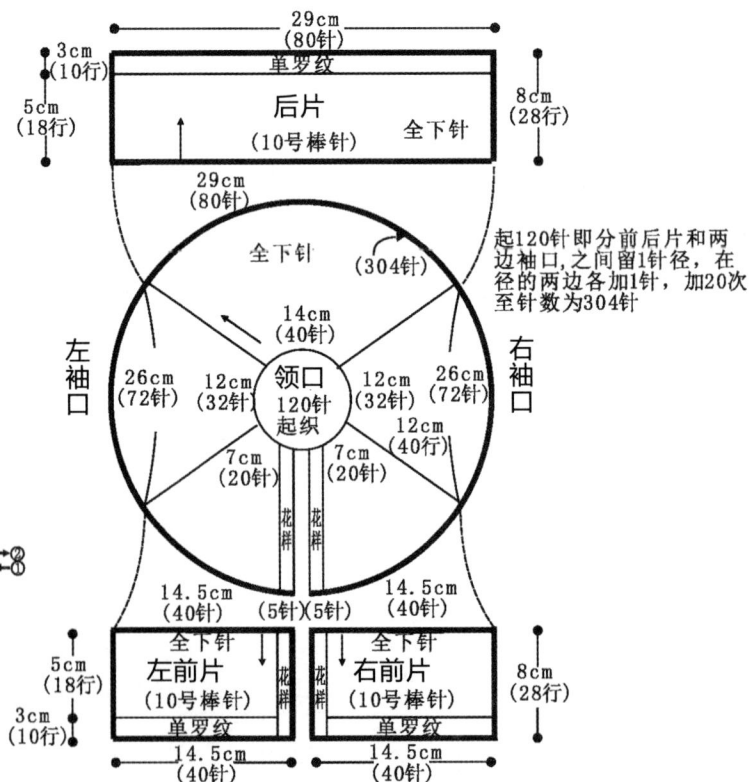

花边连衣裙

【成品尺寸】衣长 37cm　胸宽 28cm　下摆 32cm
【工　　具】10 号棒针 4 支　缝衣针、钩针各 1 支
【材　　料】橙色羊毛绒线 300g　浅黄色线少许
【密　　度】10cm^2：30 针 ×40 行
【附　　件】手编绳子 1 根

【制作过程】

1. 毛衣用棒针编织，由一片前片、一片后片组成，从下往上编织。

2. 前片：（1）用下针起针法，起 96 针，织花样，侧缝不用加减针，织 19cm 时分散减 12 针，此时针数为 84 针，然后改织全下针，织 3cm 至袖窿。

（2）袖窿以上编织：袖窿两边平收 4 针后减针，方法是：每 2 行减 2 针减 3 次，余下针数不加不减织 54 行至肩部。

（3）同时从袖窿算起织至 8cm 时，开始领窝减针，中间平收 18 针，两边各减 8 针，方法是：每 2 行减 1 针减 8 次，不加不减织 3cm 至肩部余 15 针。

3. 后片：（1）用下针起针法，起 96 针，织花样，侧缝不用加减针，织 19cm 时分散减 12 针，此时针数为 84 针，然后改织全下针，织 3cm 至袖窿。

（2）袖窿以上编织：袖窿两边平收 4 针后减针，方法是：每 2 行减 2 针减 3 次，余下针数不加不减织 54 行至肩部。

（3）同时从袖窿算起织至 13cm 时，开始领窝减针，中间平收 26 针，两边各减 4 针，方法是：每 2 行减 1 针减 4 次，至肩部余 15 针。

4. 缝合：将前片的侧缝与后片的侧缝对应缝合。前后片的肩部对应缝合。

5. 袖口：两边袖口分别用浅黄色线钩织花边。

6. 领片：领圈边用浅黄色线钩织花边，形成圆领。

7. 下摆边用浅黄色线钩织花边。毛衣编织完成。

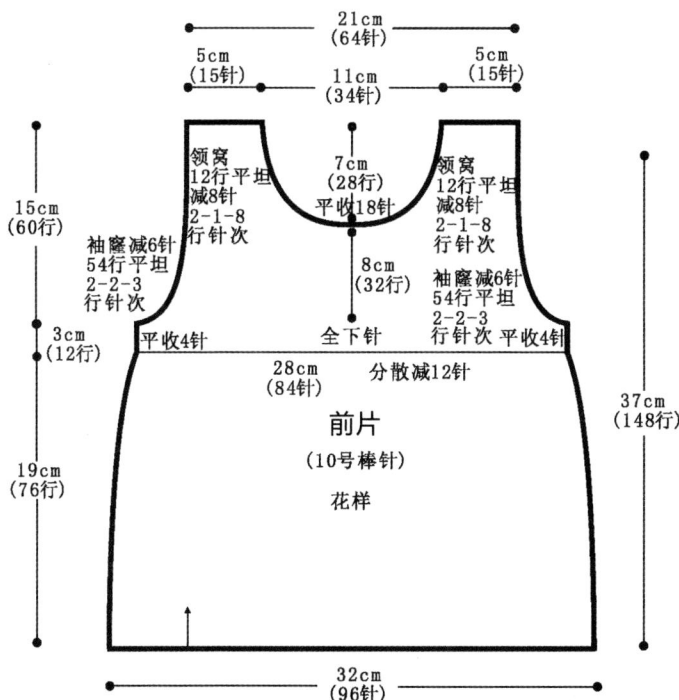

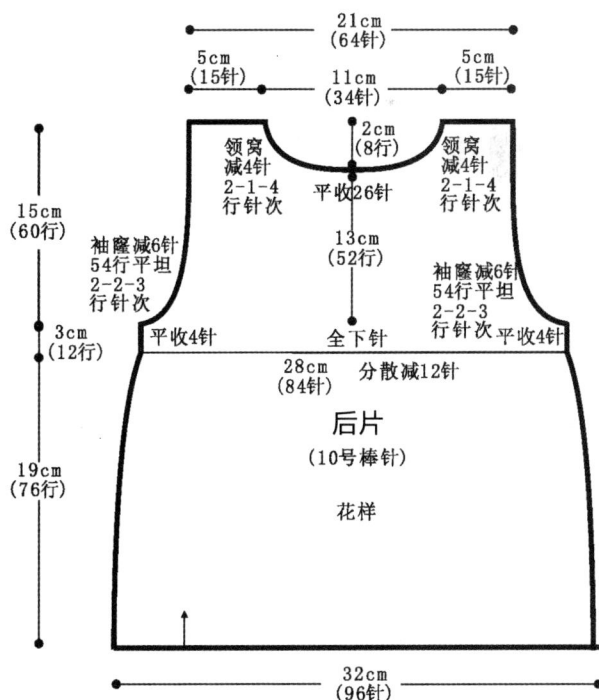

前片（10号棒针）花样
- 21cm（64针）
- 5cm（15针）　11cm（34针）　5cm（15针）
- 15cm（60行）
- 领窝 12行平坦 减8针 2-1-8 行针次
- 7cm（28行）平收18针
- 8cm（32行）
- 袖窿减6针 54行平坦 2-2-3 行针次
- 平收4针　全下针　平收4针
- 3cm（12行）
- 28cm（84针）分散减12针
- 37cm（148行）
- 19cm（76行）
- 32cm（96针）

后片（10号棒针）花样
- 21cm（64针）
- 5cm（15针）　11cm（34针）　5cm（15针）
- 2cm（8针）
- 15cm（60行）
- 领窝 减4针 2-1-4 行针次
- 平收26针
- 13cm（52行）
- 袖窿减6针 54行平坦 2-2-3 行针次
- 平收4针　全下针　平收4针
- 3cm（12行）
- 28cm（84针）分散减12针
- 19cm（76行）
- 32cm（96针）

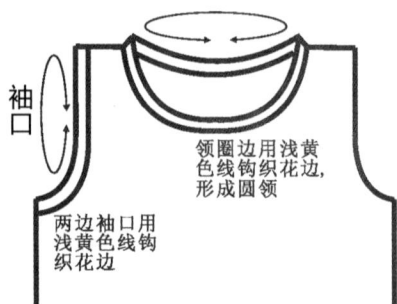

花边

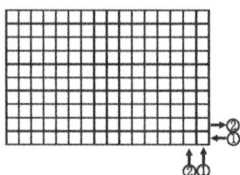

领圈边用浅黄
色线钩织花边,
形成圆领

袖口

两边袖口用
浅黄色线钩
织花边

全下针

花样

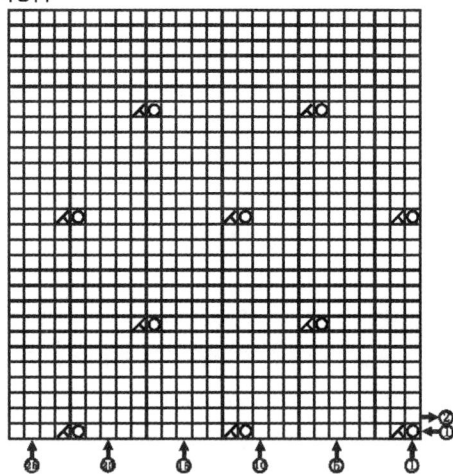

蓝色大翻领背心裙

【成品尺寸】衣长42cm　胸宽29cm

【工　　具】10号棒针4支　缝衣针、钩针各1支

【材　　料】蓝色羊毛绒线200g　白色线100g

【密　　度】10cm²：30针 ×40行

【附　　件】装饰蝴蝶结1枚　钩针花朵1朵

【制作过程】

1. 毛衣用棒针编织，由一片前片、一片后片组成，从下往上编织。

2. 前片：（1）用下针起针法起104针，先织6cm单罗纹后，改织全下针，并配色，侧缝不用加减针，织至17cm时，中间的针数以重叠减针的方式打皱褶，此时针数为88针，继续织至5cm时，开始袖窿以上的编织。

（2）袖窿两边平收4针，然后减针，方法是：每2行减2针减3次，共减6针，余下针数不加不减织50行至肩部。

（3）同时从袖窿算起织至4cm时，开始开领窝，中间平收8针，两边各减12针，方法是：每2行减1针减12次，不加不减织10cm至肩部余18针。

3. 后片：（1）袖窿和袖窿以下的织法与前片一样。

（2）同时从袖窿算起织至12cm时，开始开领窝，中间平收24针，然后两边减针，方法是：每2行减1针减4次，共减4针，至肩部余18针。

4. 缝合：将前片的侧缝与后片的侧缝对应缝合。前片的肩部与后片的肩部缝合。

5. 袖口：两边袖口分别用钩针钩织花边。

6. 领片：领片分左右2片编织，分别起76针，织40行花样，形成翻领，并用钩针在翻领的边缘钩织花边。

7. 缝上前后片的装饰蝴蝶结和花朵。毛衣编织完成。

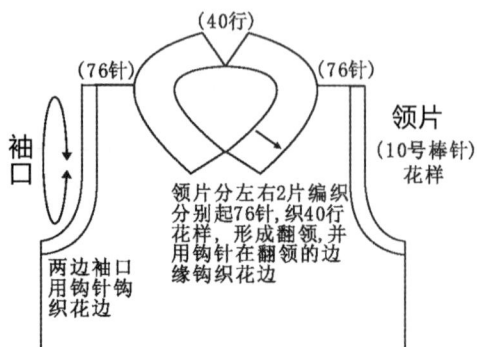

（40行）

（76针）　　（76针）

袖口

领片
(10号棒针)
花样

两边袖口
用钩针钩
织花边

领片分左右2片编织
分别起76针，织40行
花样，形成翻领，并
用钩针在翻领的边
缘钩织花边

钩针花样

花样

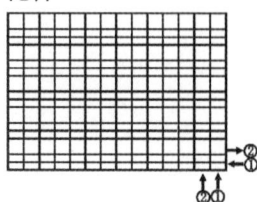

单罗纹

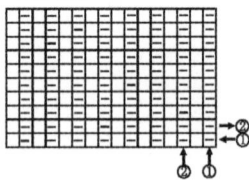

全下针

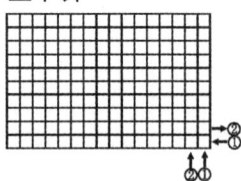

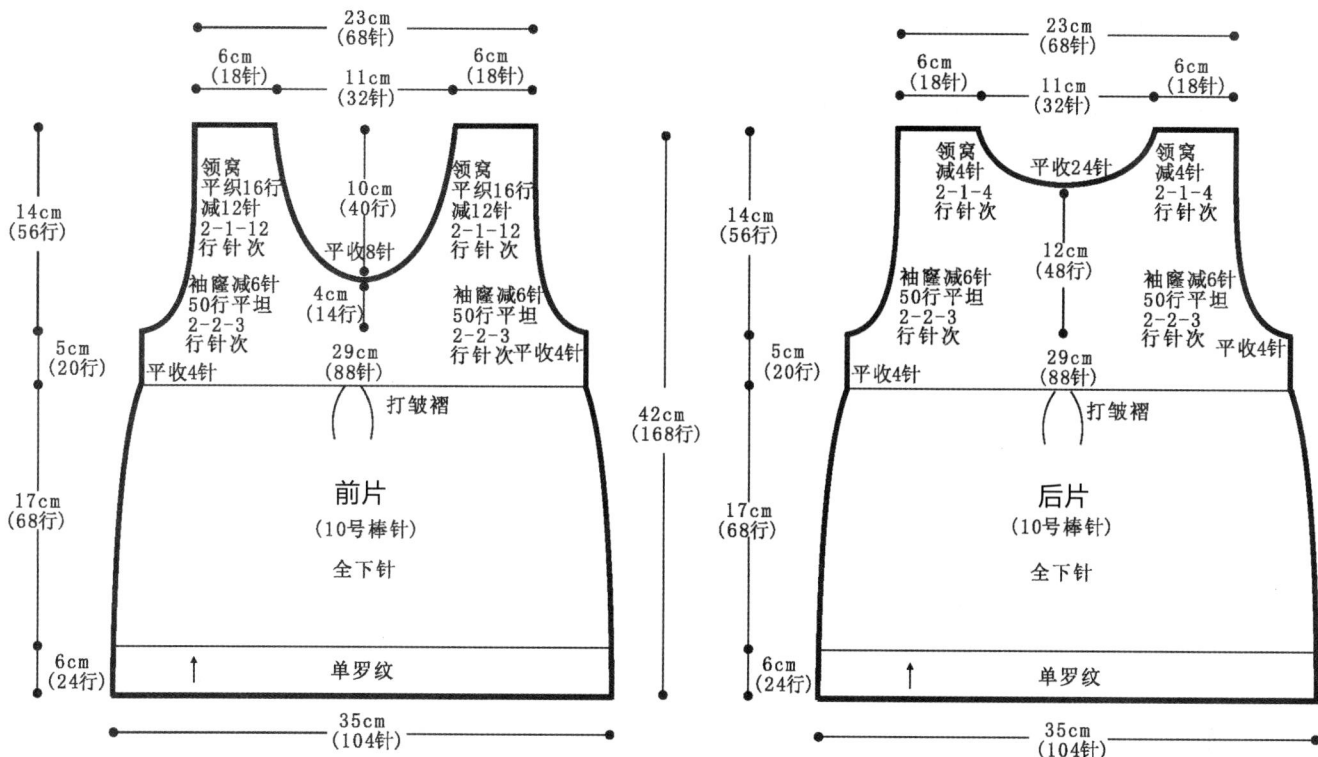

前片 图示：
- 23cm（68针）
- 6cm（18针）　11cm（32针）　6cm（18针）
- 14cm（56行）
- 领窝 平织16行 减12针 2-1-12 行针次
- 10cm（40行）
- 平收8针
- 4cm（14行）
- 袖窿减6针 50行平坦 2-2-3 行针次 平收4针
- 平收4针
- 5cm（20行）
- 29cm（88针）
- 打皱褶
- 42cm（168行）
- 前片（10号棒针）全下针
- 17cm（68行）
- 6cm（24行）　单罗纹
- 35cm（104针）

后片 图示：
- 23cm（68针）
- 6cm（18针）　11cm（32针）　6cm（18针）
- 领窝减4针 2-1-4 行针次　平收24针　领窝减4针 2-1-4 行针次
- 12cm（48行）
- 14cm（56行）
- 袖窿减6针 50行平坦 2-2-3 行针次
- 平收4针
- 5cm（20行）
- 29cm（88针）
- 打皱褶
- 17cm（68行）
- 6cm（24行）　单罗纹
- 35cm（104针）
- 后片（10号棒针）全下针

小花朵背心裙

【成品尺寸】衣长40cm　胸围30cm　下摆40cm

【工　　具】10号棒针4支　缝衣针、钩针各1支

【材　　料】绿色羊毛绒线300g

【密　　度】10cm²：30针×40行

【附　　件】钩针装饰小花1朵　纽扣6枚　装饰娃娃1个

【制作过程】

1. 毛衣用棒针编织，由两片前片、一片后片组成，从下往上编织。

2. 前片：分右前片和左前片编织。（1）右前片：用下针起针法，起60针，先织6cm双层平织底边后，改织花样A，侧缝不用加减针，织18cm时分散减15针，此时针数为45针，改织全下针，并继续编织4cm至袖窿。

（2）袖窿以上的编织：右侧袖窿平收5针后减针，方法是：每织2行减2针减3次，共减6针，不加不减织54行至肩部。

（3）同时从袖窿算起织至8cm时，进行领窝减针，方法是：每2行减2针减6次，每2行减1针减6次，平织4行至肩部余12针。

（4）相同的方法，相反的方向编织左前片。

3. 后片：（1）用下针起针法，起120针，先织6cm双层平织底边后，改织花样A，侧缝不用加减针，织18cm时分散减30针，此时针数为90针，改织全下针，并继续编织4cm至袖窿。

（2）袖窿以上编织：袖窿两边平收5针后，开始减针，方法与前片袖窿一样。

（3）同时从袖窿算起，织至13cm时，中间平收36针，两边领窝减针，方法是：每2行减1针减4次，至两边肩部余12针。

4. 缝合：将前片的侧缝与后片的侧缝对应缝合，前后片的肩部对应缝合。

5. 门襟：两边门襟分别挑156针，织10行花样B，右边门襟均匀地开纽扣孔。

6. 袖口：两边袖口分别挑96针，织10行花样B。

7. 领圈边挑110针，织10行花样B，形成开襟圆领。

8. 缝上装饰的钩针小花和纽扣，并缝上装饰娃娃。毛衣编织完成。

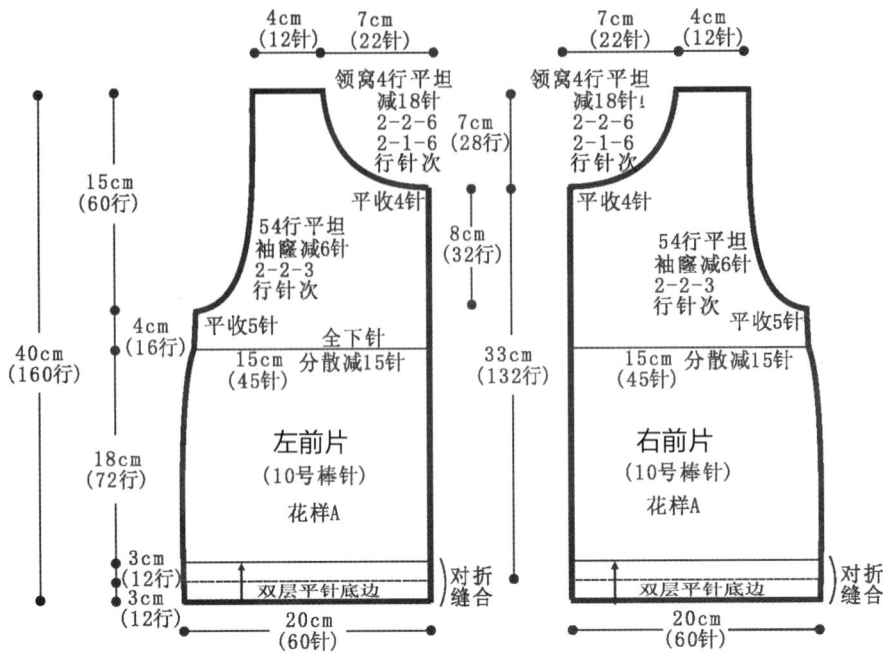

4cm
(12针)
7cm
(22针)

7cm
(22针)
4cm
(12针)

15cm
(60行)

领窝4行平坦
减18针
2-2-6
2-1-6
行针次

7cm
(28行)

领窝4行平坦！
减18针！
2-2-6
2-1-6
行针次

平收4针

平收4针

40cm
(160行)

4cm
(16行)

54行平坦
袖窿减6针
2-2-3
行针次

54行平坦
袖窿减6针
2-2-3
行针次

8cm
(32行)

平收5针

平收5针

全下针

平收5针

33cm
(132行)

15cm 分散减15针
(45针)

15cm 分散减15针
(45针)

左前片
(10号棒针)

花样A

右前片
(10号棒针)

花样A

18cm
(72行)

3cm
(12行)
3cm
(12行)

双层平针底边

对折
缝合

双层平针底边

对折
缝合

20cm
(60针)

20cm
(60针)

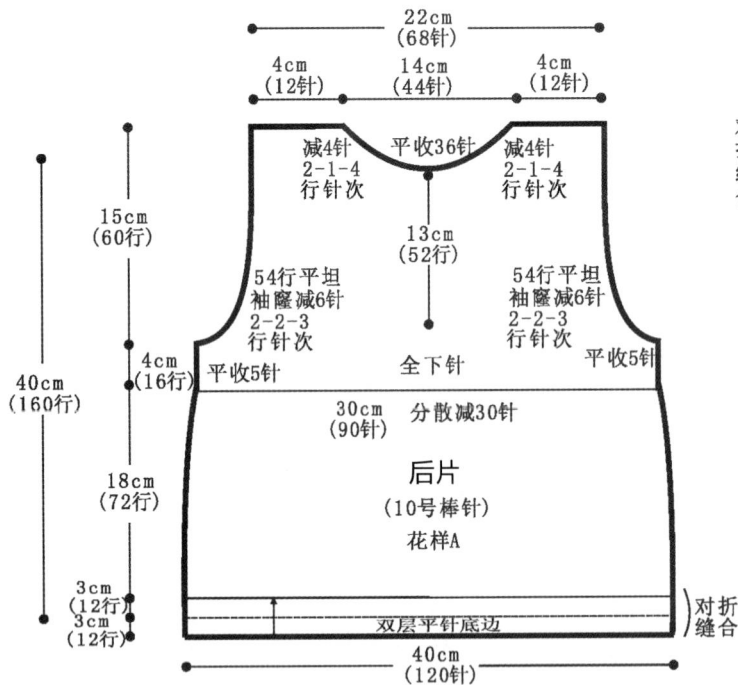

22cm
(68针)

4cm
(12针)
14cm
(44针)
4cm
(12针)

减4针
2-1-4
行针次

平收36针

减4针
2-1-4
行针次

15cm
(60行)

13cm
(52行)

54行平坦
袖窿减6针
2-2-3
行针次

54行平坦
袖窿减6针
2-2-3
行针次

40cm
(160行)

4cm
(16行)

平收5针

全下针

平收5针

30cm 分散减30针
(90针)

后片
(10号棒针)
花样A

18cm
(72行)

3cm
(12行)
3cm
(12行)

双层平针底边

对折
缝合

40cm
(120针)

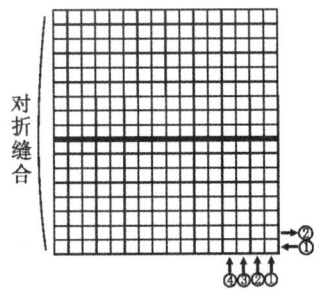

双层平针底边

对折缝合

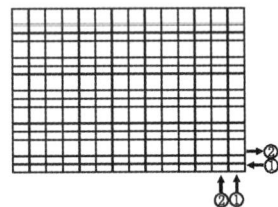

花样 B

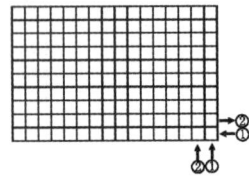

全下针

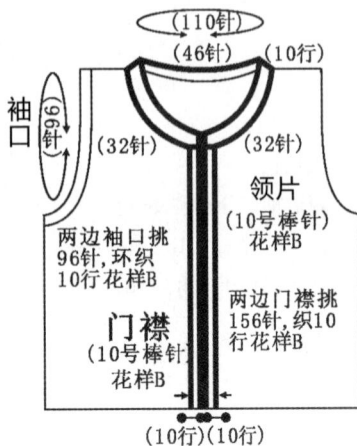

(110针)

(46针)
(10行)

袖口

(96针)

(32针)

(32针)

两边袖口挑
96针，环织
10行花样B

领片
(10号棒针)
花样B

门襟
(10号棒针)
花样B

两边门襟挑
156针，织10
行花样B

(10行)(10行)

花样 A

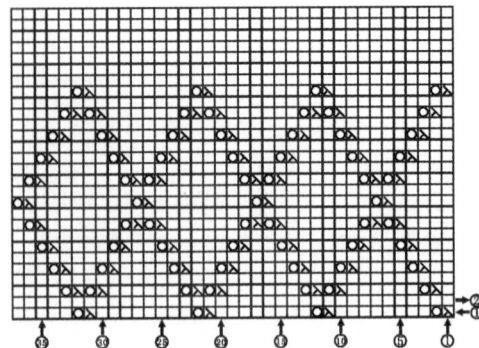

小兔子背心

【成品尺寸】衣长 33cm 下摆 28cm
【工　　具】10 号棒针 4 支 缝衣针 1 支
【材　　料】粉红色、白色羊毛绒线各 200g
【密　　度】10cm² : 28 针 × 38 行
【附　　件】图案装饰花朵和亮珠 2 枚

【制作过程】

1.毛衣用棒针编织，由一片前片、一片后片组成，从下往上编织。

2.前片：（1）用下针起针法，起 78 针，先织 3cm 双罗纹后，改织全下针，并编入前片图案，侧缝不用加减针，织 16cm 至袖窿。

（2）袖窿以上的编织：两边袖窿平收 4 针后减针，方法是：每 2 行减 2 针减 5 次，各减 10 针，不加不减织 44 行。

（3）同时从袖窿算起织至 7cm 时，开始开领窝，中间平收 18 针，然后两边减针，方法是：每 2 行减 2 针减 4 次，共减 8 针，不加不减织 7cm 至肩部余 8 针。

3.后片：（1）袖窿和袖窿以下的编织方法与前片袖窿一样。

（2）同时织至袖窿算起 12cm 时，开始领窝减针，中间平收 26 针，然后两边减针，方法是：每 2 行减 1 针减 4 次，至肩部余 8 针。

4.缝合：将前片的侧缝与后片的侧缝对应缝合。前片的肩部与后片的肩部缝合。

5.袖口：两边袖口分别用白色线挑 102 针，环织 10 行双罗纹。

6.领片：领圈边挑 118 针，环织 10 行双罗纹，形成圆领。

7.缝上图案装饰花朵和亮珠。毛衣编织完成。

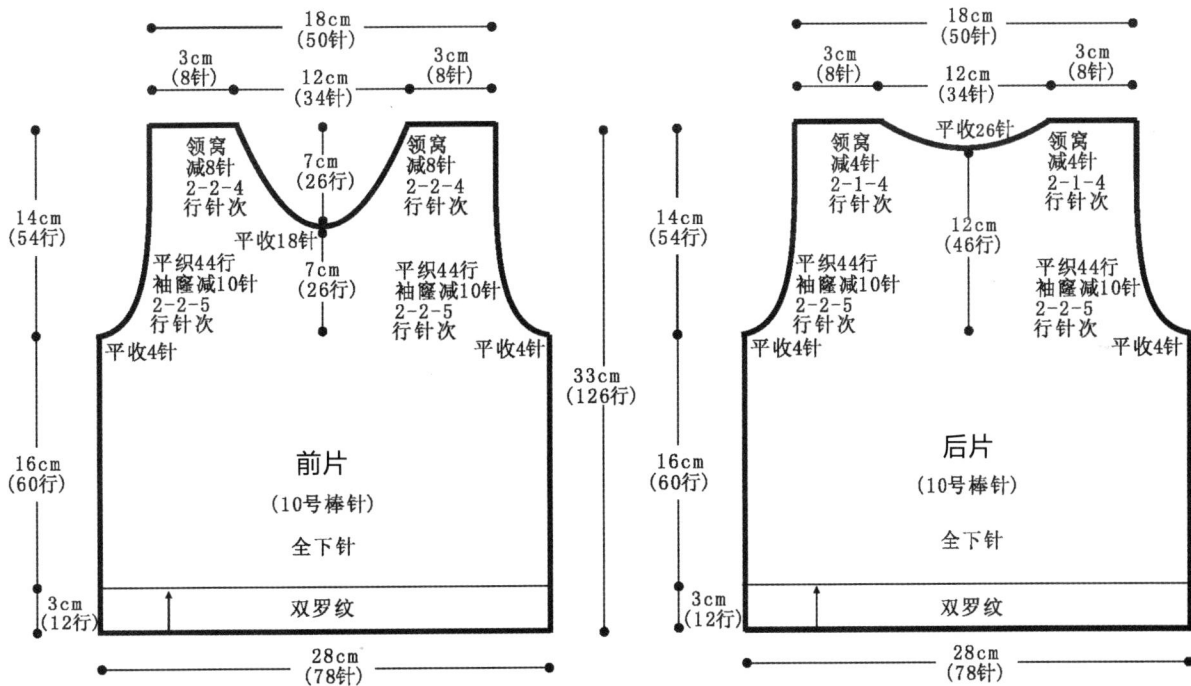

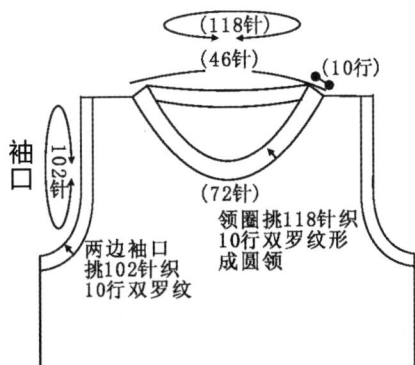

双罗纹

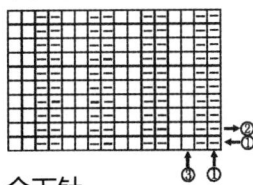

全下针

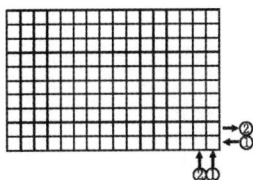

前片图案

双色系带毛衣

【成品尺寸】衣长 40cm　下摆 28cm　袖长 13cm

【工　　具】10 号棒针 4 支　缝衣针 1 支

【材　　料】浅黄色羊毛绒线 200g　黑色线少许

【密　　度】10cm²：30 针 × 40 行

【附　　件】蕾丝腰带 1 条

【制作过程】

1. 毛衣用棒针编织，由一片前片、一片后片、两片袖片组成，从下往上编织。

2. 前片：（1）用下针起针法起 84 针，先织 3cm 双罗纹后，改织花样 B，并配色，侧缝不用加减针，织 18cm 改织 3cm 花样 A 至袖窿。

（2）袖窿以上的编织：两边袖窿平收 4 针后减针，方法是：每 2 行减 2 针减 3 次，各减 6 针，不加不减织 58 行至肩部。

（3）同时织至从袖窿算起 10cm 时，开始开领窝，中间平收 18 针，然后两边减针，方法是：每 2 行减 2 针减 4 次，各减 8 针，不加不减织 6cm 至肩部余 15 针。

3. 后片：（1）用下针起针法起 84 针，先织 3cm 双罗纹后，改织花样 B，并配色，侧缝不用加减针，织 18cm 再改织 3cm 花样 A 至袖窿。

（2）袖窿以上的编织：两边袖窿平收 4 针后减针，方法是：每 2 行减 2 针减 3 次，各减 6 针，不加不减织 58 行至肩部。

（3）同时织至从袖窿算起 14cm 时，开始开领窝，中间平收 26 针，然后两边减针，方法是：每 2 行减 1 针减 4 次，至肩部余 15 针。

4. 袖片：用下针起针法起 66 针，先织 3cm 双罗纹后，改织花样 A，再织 3cm 至袖窿，并配色，两边平收 4 针，开始袖山减针，方法是：每 2 行减 1 针减 14 次，各减 14 针，至顶部余 30 针。

5. 缝合：将前片的侧缝与后片的侧缝对应缝合。前片的肩部与后片的肩部缝合，两边袖片的袖下缝合后，分别与衣片的袖边缝合。

6. 领片：领圈边用黑色线挑 98 针，圈织 3cm 双罗纹，形成圆领。系上蕾丝腰带。毛衣编织完成。

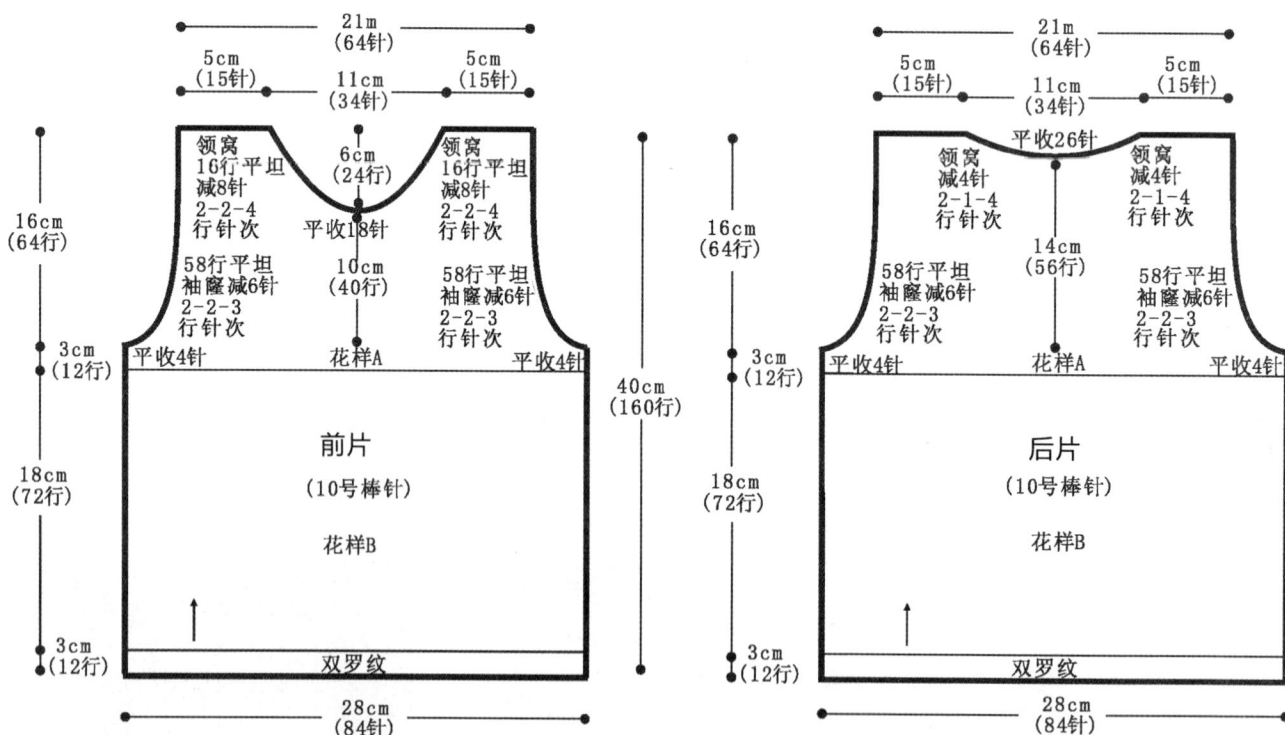

前片

21m（64针）
5cm（15针）　11cm（34针）　5cm（15针）

领窝 16行平坦 减8针 2-2-4 行针次
6cm（24行）
平收18针
领窝 16行平坦 减8针 2-2-4 行针次

16cm（64行）

58行平坦 袖窿减6针 2-2-3 行针次
10cm（40行）
58行平坦 袖窿减6针 2-2-3 行针次

3cm（12行）
平收4针　花样A　平收4针

40cm（160行）

18cm（72行）
前片（10号棒针）花样B

3cm（12行）
双罗纹

28cm（84针）

后片

21m（64针）
5cm（15针）　11cm（34针）　5cm（15针）

平收26针

领窝 减4针 2-1-4 行针次
14cm（56行）
领窝 减4针 2-1-4 行针次

16cm（64行）

58行平坦 袖窿减6针 2-2-3 行针次
58行平坦 袖窿减6针 2-2-3 行针次

3cm（12行）
平收4针　花样A　平收4针

18cm（72行）
后片（10号棒针）花样B

3cm（12行）
双罗纹

28cm（84针）

（98针）

（42针）

3cm
（12行）

领片

（56针）

领圈挑98针织3cm
双罗纹，形成圆领

双罗纹

花样C

袖山
减14针
2-1-14
行针次

10cm
（30针）

袖山
减14针
2-1-14
行针次

7cm
（28行）

13cm
（52行）

袖片
（10号棒针）

平收4针

花样C

平收4针

3cm
（12行）

双罗纹

3cm
（12行）

22cm
（66针）

花样B

花样A

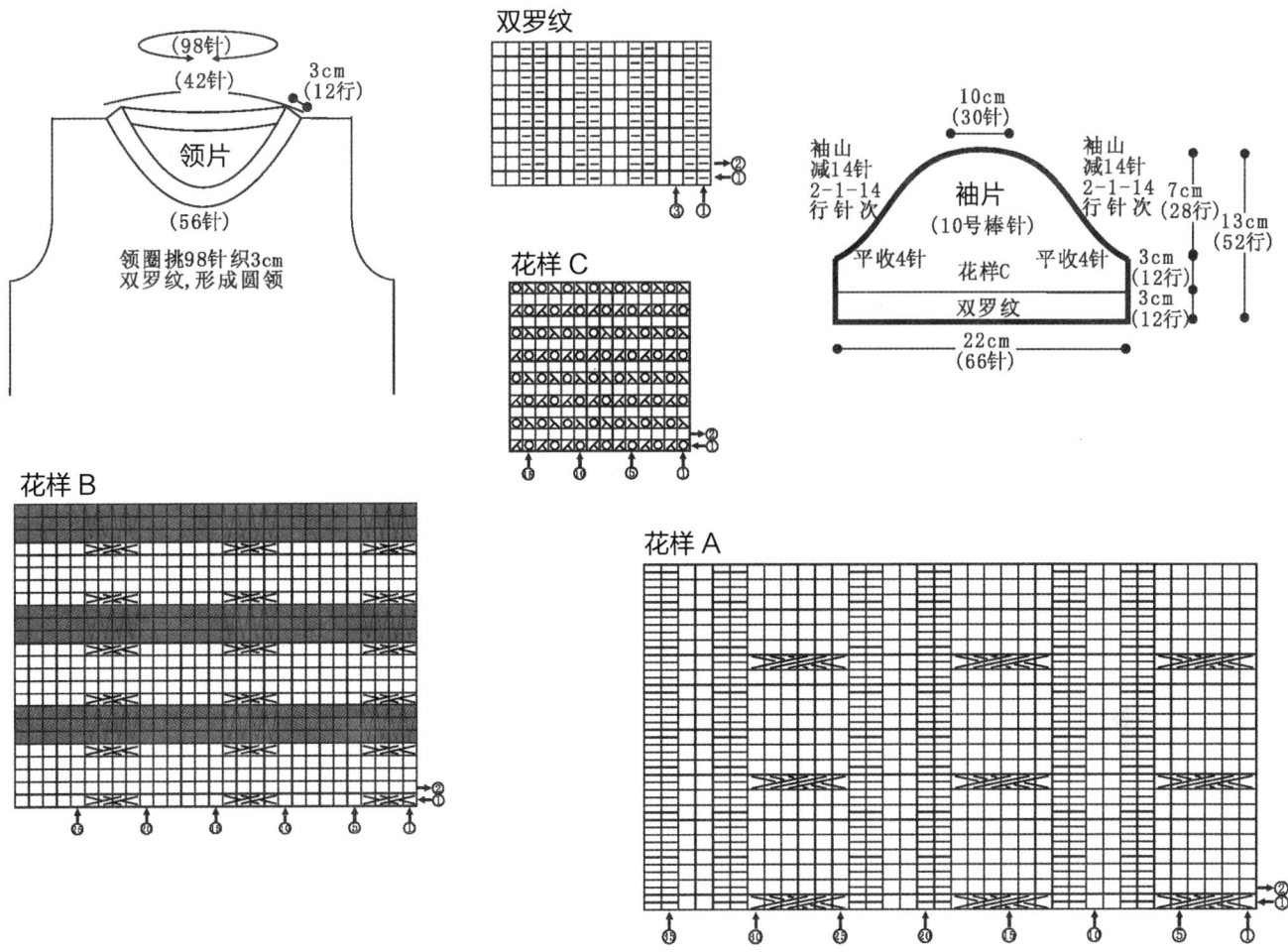

学院风小马甲

【成品尺寸】衣长37cm　下摆32cm

【工　　具】10号棒针4支　缝衣针1支

【材　　料】杏色、白色、浅蓝色羊毛绒线各100g

【密　　度】10cm² ：30针×40行

【附　　件】纽扣4枚

【制作过程】

1.毛衣用棒针编织，由两片前片、一片后片组成，从下往上编织。

2.前片：分右前片和左前片编织。（1）右前片：用下针起针法起48针，先织4cm双罗纹后，改织全下针，并编入图案，侧缝不用加减针，织至18cm至袖窿。

（2）袖窿以上的编织：右侧袖窿平收5针后减针，方法是：每织2行减1针减4次，共减4针，不加不减平织52行至肩部。

（3）同时进行领窝减针，方法是：每2行减1针减21次，不加不减织18行至肩部余18针。

（4）相同的方法、相反的方向编织左前片。

3.后片：（1）用下针起针法起96针，先织4cm双罗纹后，改织全下针，并编入图案，侧缝不用加减针，织18cm至袖窿。

（2）袖窿以上编织：袖窿平收5针后减针，方法与前片袖窿一样。

（3）同时织至从袖窿算起13cm时，开后领窝，中间平收34针，两边各减4针，方法是：每2行减1针减4次，织至两边肩部余18针。

4.缝合：将前片的侧缝与后片的侧缝对应缝合，前后片的肩部对应缝合。

5.袖口：两边袖口分别挑72针，圈织8行双罗纹。同样方法编织另一袖口。

6.领片：两边门襟至领圈边挑260针，织8行双罗纹，左边门襟均匀地开纽扣孔，形成开襟V领。

7.用缝衣针缝上纽扣。毛衣编织完成。

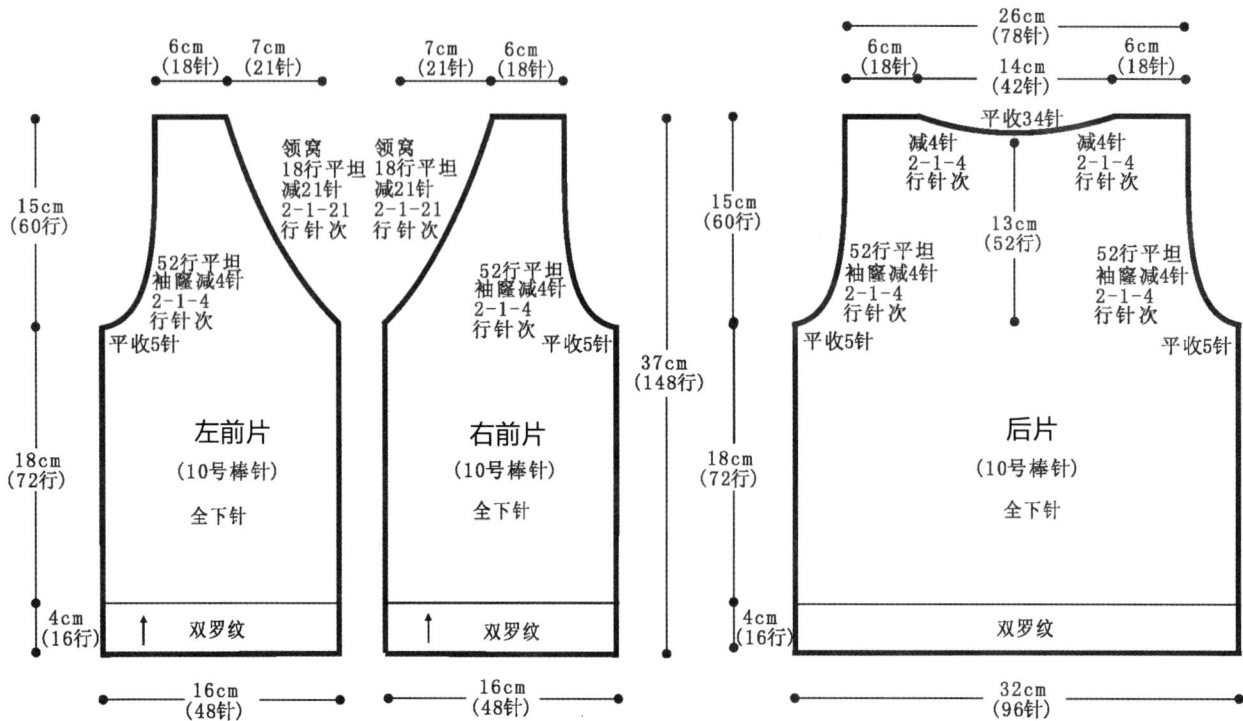

6cm
(18针) 7cm
(21针) 7cm
(21针) 6cm
(18针)

15cm
(60行)

领窝
18行平坦
减21针
2-1-21
行针次

领窝
18行平坦
减21针
2-1-21
行针次

52行平坦
袖窿减4针
2-1-4
行针次
平收5针

52行平坦
袖窿减4针
2-1-4
行针次
平收5针

左前片
(10号棒针)
全下针

右前片
(10号棒针)
全下针

18cm
(72行)

4cm
(16行) ↑ 双罗纹

↑ 双罗纹

16cm
(48针)

16cm
(48针)

26cm
(78针)

6cm
(18针) 14cm
(42针) 6cm
(18针)

平收34针

减4针
2-1-4
行针次

减4针
2-1-4
行针次

15cm
(60行)

13cm
(52行)

52行平坦
袖窿减4针
2-1-4
行针次
平收5针

52行平坦
袖窿减4针
2-1-4
行针次
平收5针

37cm
(148行)

后片
(10号棒针)
全下针

18cm
(72行)

4cm
(16行) 双罗纹

32cm
(96针)

领片
(10号棒针)
双罗纹

(36针) (8针)

两边袖口挑
72针,织8行
双罗纹

(72针)

(112针) (112针)

两边门襟至领
圈挑260针,织
8行双罗纹,左
门襟均匀地开
纽扣孔

门襟
(10号棒针)
双罗纹

(8行) (8行)

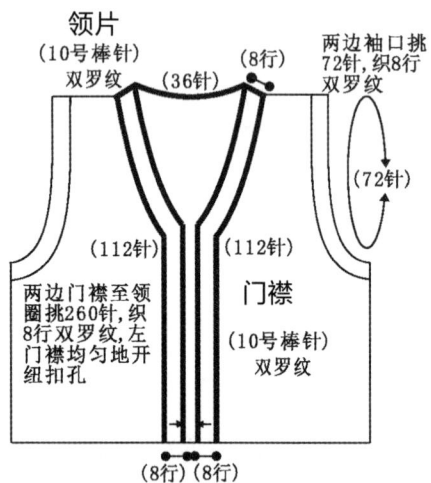

图案

双罗纹

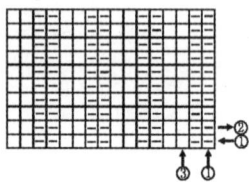

全下针

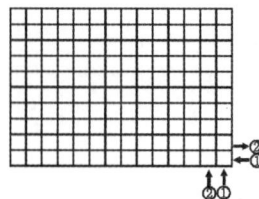

熊猫连帽马甲

【成品尺寸】衣长 41cm　下摆 41cm

【工　具】10 号棒针 4 支　缝衣针 1 支

【材　料】白色羊毛绒线 300g　黑色线少许

【密　度】10cm² : 22 针 ×28 行

【附　件】帽子图案亮珠 1 枚

【制作过程】

1. 毛衣用棒针编织，由两片前片、一片后片组成，从下往上编织。

2. 前片：分右前片和左前片编织。（1）右前片：用黑色线，下针起针法起 46 针，先织 2cm 单罗纹后，改用白色线织全下针，侧缝不用加减针，织 11cm 时开始斜袋，在侧缝处平收 4 针，然后减 12 针，方法是：每 2 行减 1 针减 12 次，织 9cm 余 30 针，不加不减留针待用，内袋另织，起 30 针，织 20cm 全下针，与刚才留针的 30 针合并周边缝合，形成斜袋，合并的针数共 46 针继续编织，再织 3cm 至袖窿。

（2）袖窿以上的编织：袖窿平收 4 针后减 8 针，方法是：每织 2 行减 2 针减 4 次，平织 36 行至肩部。

（3）同时从袖窿算起织至 10cm 时，门襟侧平收 4 针后，进行领窝减针，方法是：每 2 行减 2 针减 7 次，织 6cm 至肩部余 18 针。

（4）相同的方法、相反的方向编织左前片。

3. 后片：（1）用下针起针法起 90 针，先织 2cm 单罗纹后，改织全下针，侧缝不用加减针，织 23cm 至袖窿。

（2）袖窿以上编织：袖窿两边平收 4 针后减针，方法与前片袖窿一样。

（3）同时织至袖窿算起 13cm 时开领窝，中间平收 28 针，然后两边减针，方法是：每 2 行减 1 针减 4 次，织至肩部余 18 针。

4. 缝合：将前片的侧缝与后片的侧缝对应缝合，前后片的肩部对应缝合。

5. 帽子：领圈边挑 70 针，织 2cm 全下针，顶部 A 与 B 缝合，形成帽子。

6. 两边门襟至帽檐，用黑色线挑 250 针，编织 6 行单罗纹。

7. 两边袖口分别挑 70 针，织 6 行单罗纹。

8. 帽子的图案部件另织好，缝合到相应的位置，用缝衣针缝上帽子图案亮珠。毛衣编织完成。

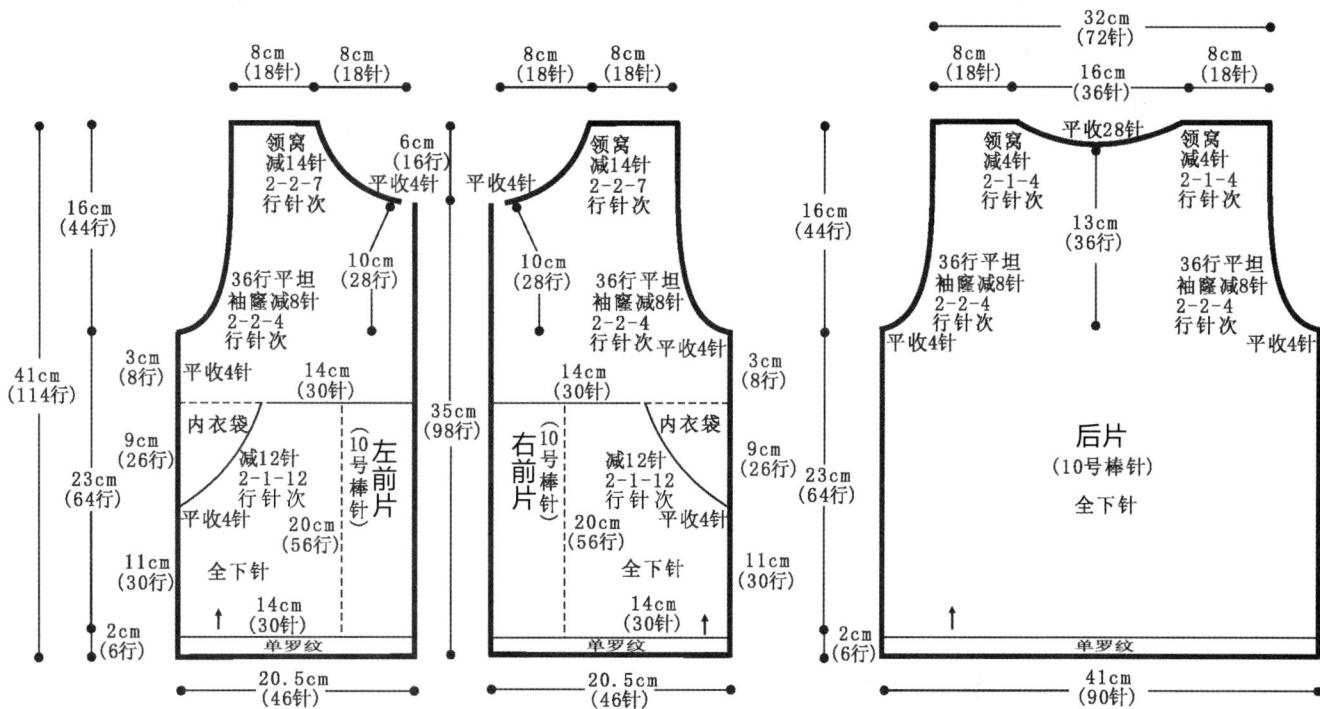

帽片
(10号棒针)
全下针

袖口
70针

两边袖口
分别挑70
针织6行单
罗纹

两边门襟
至帽檐挑
250针织6
行单罗纹

(6行) (6行)

A   B

帽片
(10号棒针)
全下针

22cm
(62行)

16cm   16cm
(35针)   (35针)
32cm
(70针)

单罗纹

②
①

②①

全下针

②
①

②①

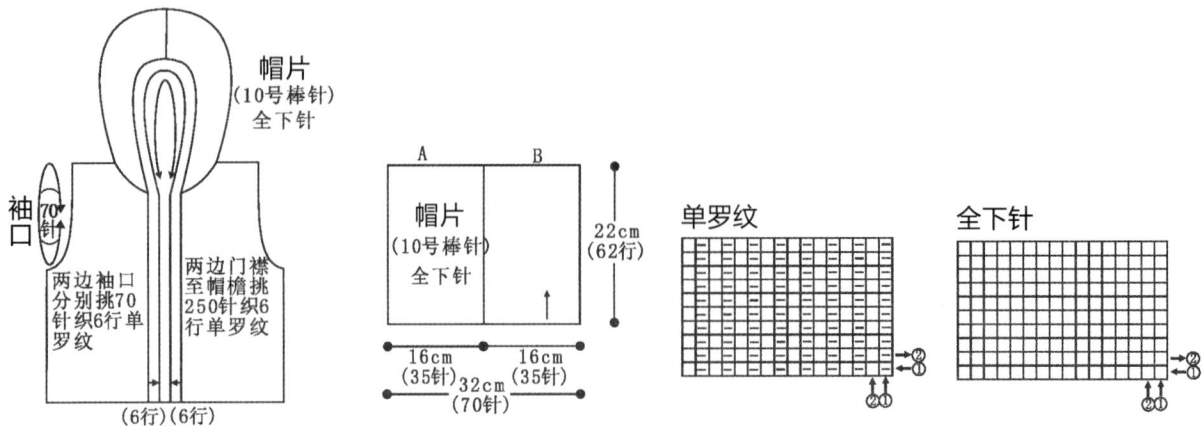

吊带背心套裙

【成品尺寸】上衣长 19cm　胸围 29cm　裙腰宽 17cm、长 23cm

【工　　具】10 号棒针 4 支　缝衣针、钩针各 1 支

【材　　料】红色羊毛绒线 400g　黑色线少许

【密　　度】10cm² ：30 针 × 40 行

【附　　件】上衣门襟纽扣 5 枚　肩带纽扣 4 枚　手编辫子肩带 1 根

【制作过程】

1. 毛衣用棒针编织，由一片上衣、一片圈织的裙子组成，从下往上编织。

2. 上衣：为一个长方形织片。用下针起针法起 174 针，片织花样 B，其中两边门襟的 6 针织花样 C，侧缝不用加减针，织 19cm，收针断线。

3. 裙子：为一个圆台形的织片。用下针起针法起 336 针，圈织

花样 A，并配色，然后按花样 A 减针，织 23cm 时，织片针数为 102 针，然后改织 6cm 全下针，并把 24 行下针对折缝合，形成双层裙腰，用于穿上宽紧带。

4. 用缝衣针缝上门襟纽扣，在相应的位置缝上肩带和纽扣。毛衣编织完成。

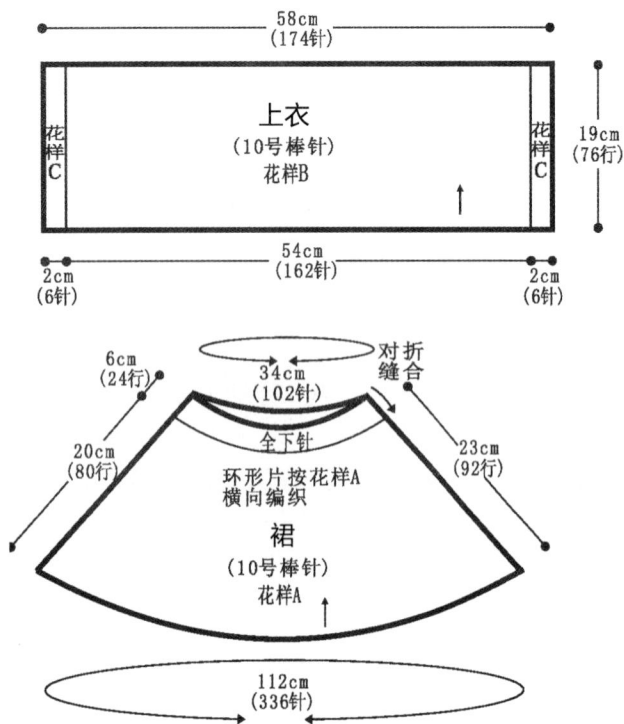

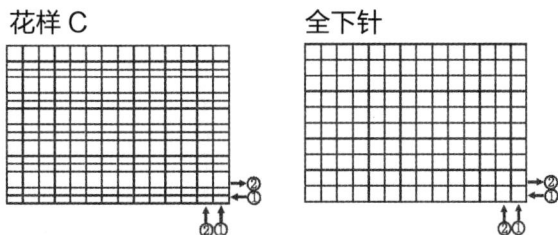

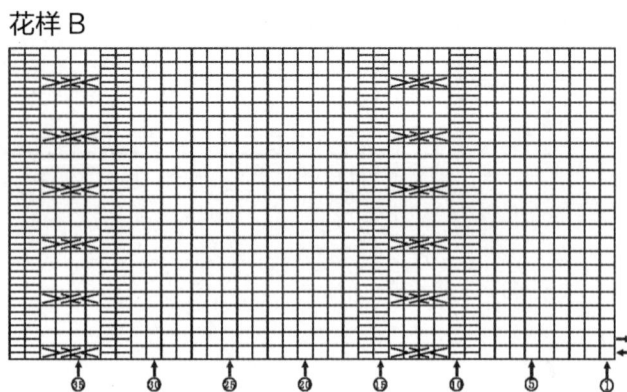

58cm
(174针)

花样
C

上衣
(10号棒针)
花样B

花样
C

19cm
(76行)

2cm
(6针)

54cm
(162针)

2cm
(6针)

花样 C

②
①

②①

全下针

②
①

②①

6cm
(24行)

34cm
(102针)

对折
缝合

全下针

20cm
(80行)

环形片按花样A
横向编织

23cm
(92行)

裙
(10号棒针)
花样A

112cm
(336针)

花样 B

花样 A

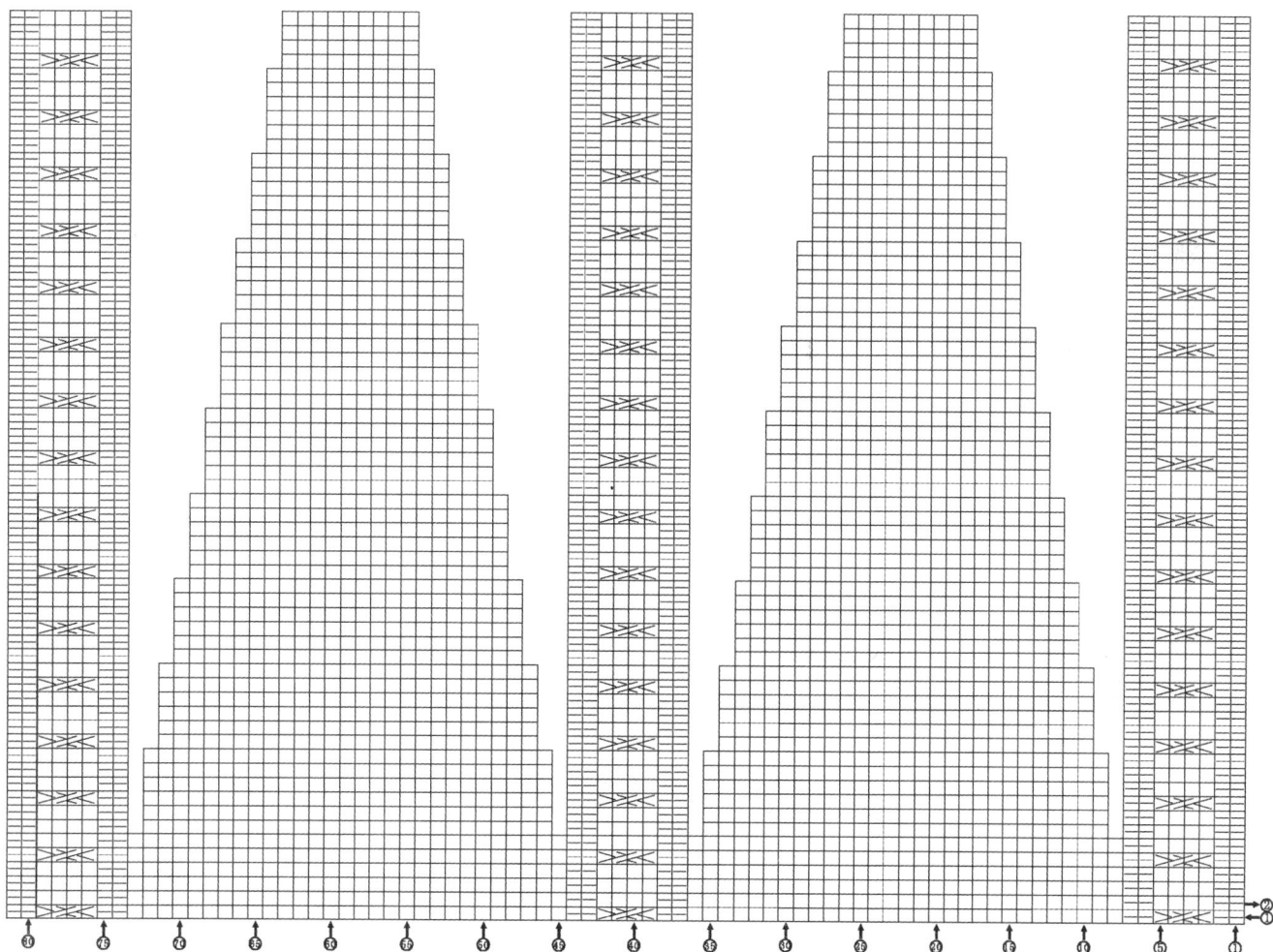

蝴蝶结条纹毛衣

【成品尺寸】衣长 38cm　胸围 30cm　袖长 9cm
【工　　具】10 号棒针 4 支　缝衣针 1 支
【材　　料】浅红色、白色羊毛绒线各 200g
【密　　度】10cm² ：30 针 × 40 行
【附　　件】手编蝴蝶结 1 个

【制作过程】

1. 毛衣用棒针编织，由一片前片、一片后片、两片袖片组成，从下往上编织。

2. 前片：（1）用下针起针法，起 102 针，先按双层平针底边花样编织底边，然后继续编织全下针，并配色，两边侧缝减 6 针，方法是：每 2 行减 1 针减 6 次，织 19cm 时针数为 90 针，开始袖窿以上的编织。

（2）袖窿两边平收 4 针，然后减针，方法是：每 2 行减 2 针减 4 次，共减 8 针，余下针数不加不减织 56 行至肩部。

（3）同时分左右两片进行领窝减针，方法是：每 2 行减 2 针减 6 次，每 2 行减 1 针减 9 次，各减 21 针，织 16cm 至肩部余 12 针。

3. 后片：（1）袖窿和袖窿以下的织法与前片一样。

（2）同时从袖窿算起织至 14cm 时，开始开领窝，中间平收 34 针，然后两边减针，方法是：每 2 行减 1 针减 4 次，各减 4 针，至肩部余 12 针。

4. 袖片：下针起针法起 54 针，织全下针，并配色，同时进行袖山减针，方法是：每 2 行减 1 针减 18 次，织 9cm 余 18 针，收针断线。同样方法编织另一袖片。

5. 缝合：将前片的侧缝与后片的侧缝对应缝合。前片的肩部与后片的肩部缝合，两袖片的袖山打皱褶后分别缝合于袖口。

6. 领片：领圈边挑 176 针，按 V 领领口花样图解，织 12 行单罗纹，并配色，形成 V 领。

7. 前片缝上手编蝴蝶结。毛衣编织完成。

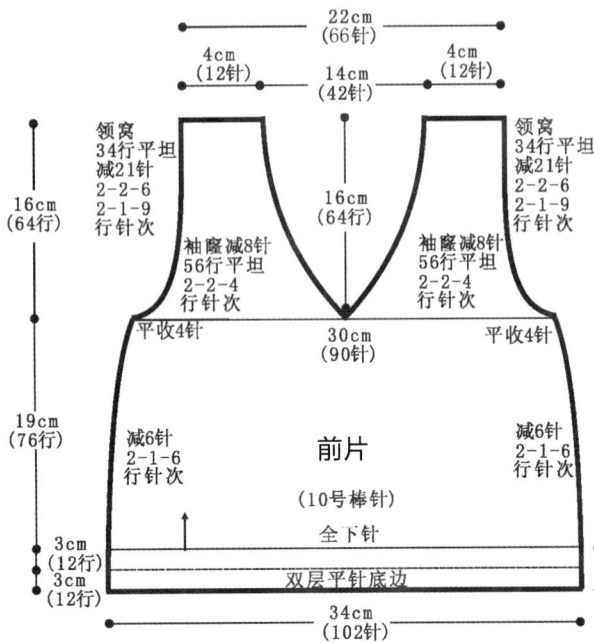

22cm
(66针)

4cm
(12针)

14cm
(42针)

4cm
(12针)

领窝
34行平坦
减21针
2-2-6
2-1-9
行针次

领窝
34行平坦
减21针
2-2-6
2-1-9
行针次

16cm
(64行)

16cm
(64行)

袖窿减8针
56行平坦
2-2-4
行针次

16cm
(64行)

袖窿减8针
56行平坦
2-2-4
行针次

平收4针

30cm
(90针)

平收4针

减6针
2-1-6
行针次

前片

(10号棒针)

全下针

减6针
2-1-6
行针次

19cm
(76行)

3cm
(12行)

3cm
(12行)

双层平针底边

对折
缝合

34cm
(102针)

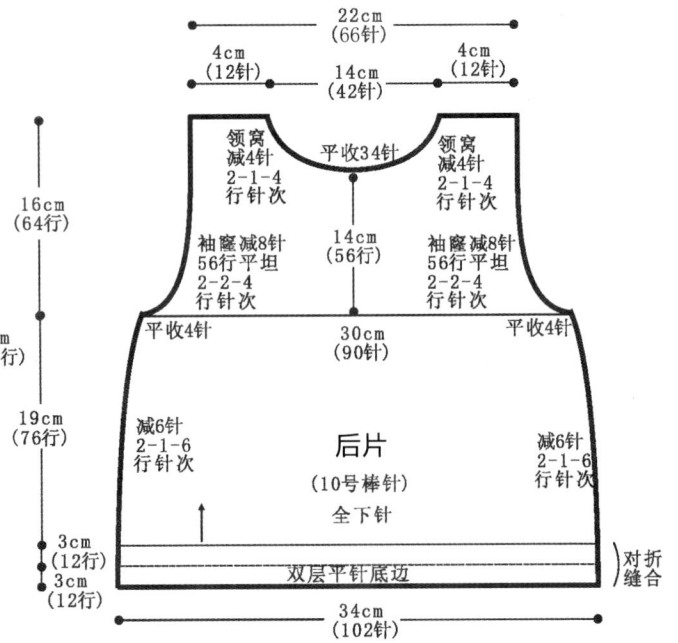

22cm
(66针)

4cm
(12针)

14cm
(42针)

4cm
(12针)

领窝
减4针
2-1-4
行针次

平收34针

领窝
减4针
2-1-4
行针次

16cm
(64行)

袖窿减8针
56行平坦
2-2-4
行针次

14cm
(56行)

袖窿减8针
56行平坦
2-2-4
行针次

38cm
(152行)

平收4针

30cm
(90针)

平收4针

减6针
2-1-6
行针次

后片

(10号棒针)

全下针

减6针
2-1-6
行针次

19cm
(76行)

3cm
(12行)

3cm
(12行)

双层平针底边

对折
缝合

34cm
(102针)

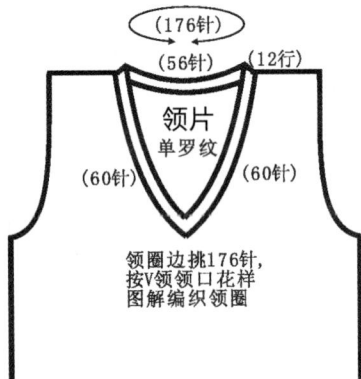

(176针)

(56针)

(12行)

领片
单罗纹

(60针)

(60针)

领圈边挑176针,
按V领领口花样
图解编织领圈

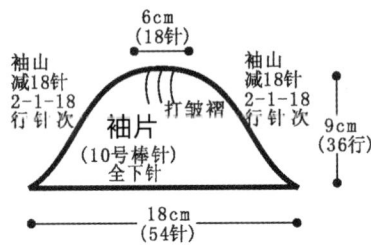

6cm
(18针)

袖山
减18针
2-1-18
行针次

打皱褶

袖山
减18针
2-1-18
行针次

9cm
(36行)

袖片
(10号棒针)
全下针

18cm
(54针)

双层平针底边

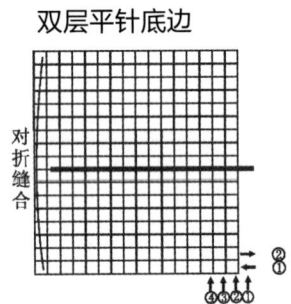

对折缝合

全下针

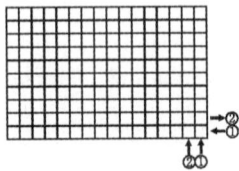

单罗纹

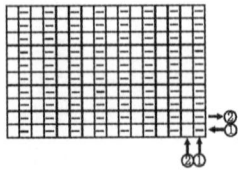

领口花样

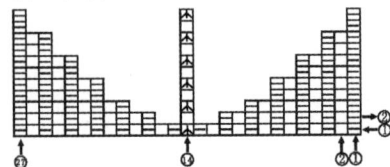

复古花纹马甲

【成品尺寸】衣长 34cm　下摆 25cm

【工　　具】10 号棒针 4 支　缝衣针 1 支

【材　　料】啡色羊毛绒线 300g

【密　　度】10cm² ： 30 针 ×40 行

【附　　件】纽扣 5 枚

【制作过程】

1. 毛衣用棒针编织，由两片前片、一片后片组成，从下往上编织。

2. 前片：分右前片和左前片编织。（1）右前片：用下针起针法起 38 针，织花样 A，其中门襟的 6 针和侧缝的 6 针织花样 C，侧缝不用加减针，织至 18cm 至袖窿。

（2）袖窿以上的编织：右侧袖窿在 6 针花样 C 的内侧减针，方法是：每织 2 行减 2 针减 4 次，共减 8 针，不加不减平织 56 行至肩部。

（3）同时织至从袖窿算起 8cm 时进行领窝减针，门襟处平收 6 针后减针，方法是：每 2 行减 2 针减 6 次，不加不减织至肩部余 12 针。

（4）相同的方法、相反的方向编织左前片，织花样 B，并均匀

地开纽扣孔。

3. 后片：（1）用下针起针法起 76 针，织全下针，其中两边侧缝的 6 针织花样 C，侧缝不用加减针，织 18cm 至袖窿。

（2）袖窿以上编织：袖窿在 6 针花样 C 的内侧减针，方法与前片袖窿一样。

（3）同时织至从袖窿算起 14cm 时，开后领窝，中间平收 28 针，两边各减 4 针，方法是：每 2 行减 1 针减 4 次，织至两边肩部余 12 针。

4. 缝合：将前片的侧缝与后片的侧缝对应缝合，前后片的肩部对应缝合。

5. 领片：领圈边挑 102 针，织 8 行花样 C，形成开襟圆领。

6. 用缝衣针缝上纽扣。毛衣编织完成。

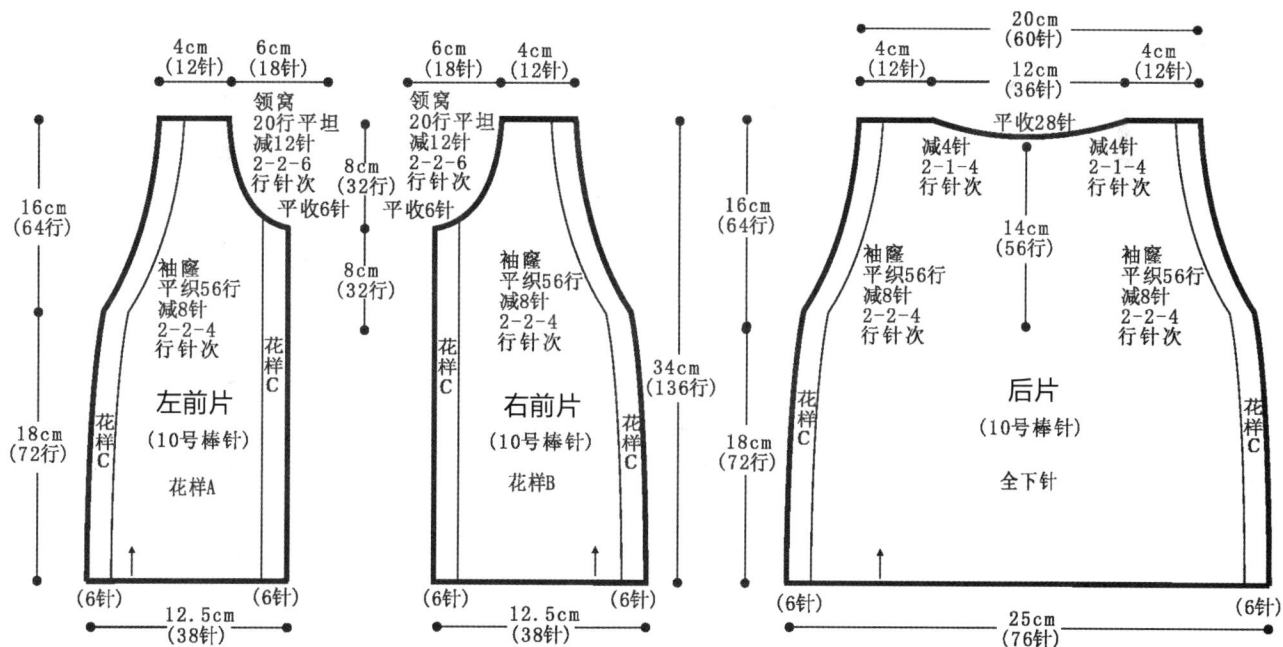

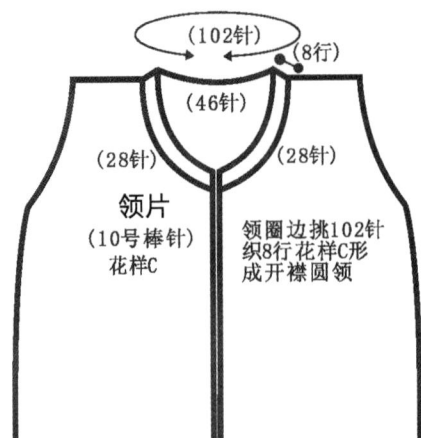

（102针）　（8行）

（46针）

（28针）　（28针）

领片
（10号棒针）
花样C

领圈边挑102针
织8行花样C形
成开襟圆领

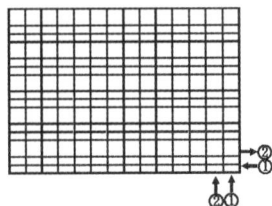

花样 C

花样 B

花样 A

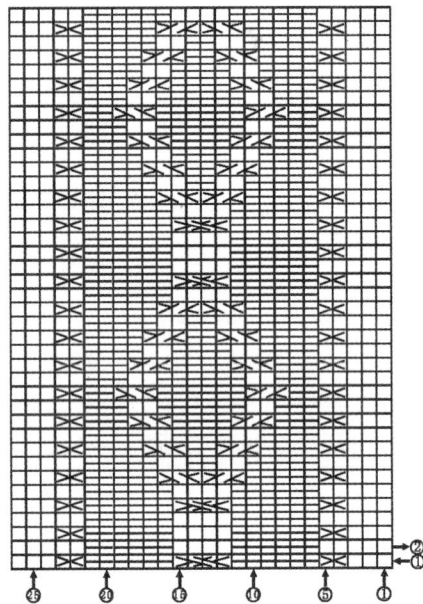

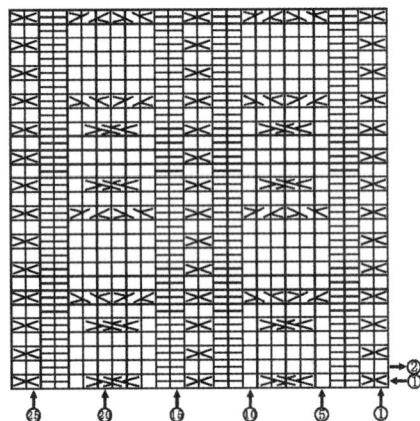

全下针

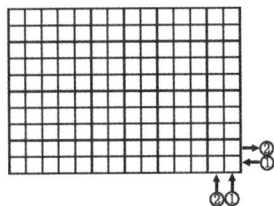

可爱小鸡马甲

【成品尺寸】衣长33cm　下摆30cm

【工　　具】10号棒针4支　缝衣针1支

【材　　料】白色羊毛绒线300g　红色、黑色线各少许

【密　　度】10cm²：30针×40行

【附　　件】纽扣4枚

【制作过程】

1. 毛衣用棒针编织，由两片前片、一片后片组成，从下往上编织。

2. 前片：分右前片和左前片编织。（1）右前片：用下针起针法起45针，先织3cm单罗纹后，改织全下针，并配色，侧缝不用加减针，织至16cm至袖窿。

（2）袖窿以上的编织：右侧袖窿平收5针后减针，方法是：每织2行减1针减4次，共减4针，不加不减平织48行至肩部。

（3）同时进行领窝减针，方法是：每2行减1针减21次，不加不减织14行至肩部余15针。

（4）相同的方法、相反的方向编织左前片。

3. 后片：（1）用下针起针法起90针，先织3cm单罗纹后，改织全下针，并配色，侧缝不用加减针，织16cm至袖窿。

（2）袖窿以上编织：袖窿平收5针后减针，方法与前片袖窿一样。

（3）同时织至从袖窿算起12cm时，开后领窝，中间平收34针，两边各减4针，方法是：每2行减1针减4次，织至两边肩部余15针。

4. 缝合：将前片的侧缝与后片的侧缝对应缝合，前后片的肩部对应缝合。

5. 袖口：两边袖口分别挑108针，圈织8行单罗纹。同样方法编织另一袖口。

6. 领片：两边门襟至领圈边挑294针，织8行单罗纹，左边门襟均匀地开纽扣孔，形成开襟V领。

7. 用缝衣针缝上纽扣，绣上图案。毛衣编织完成。

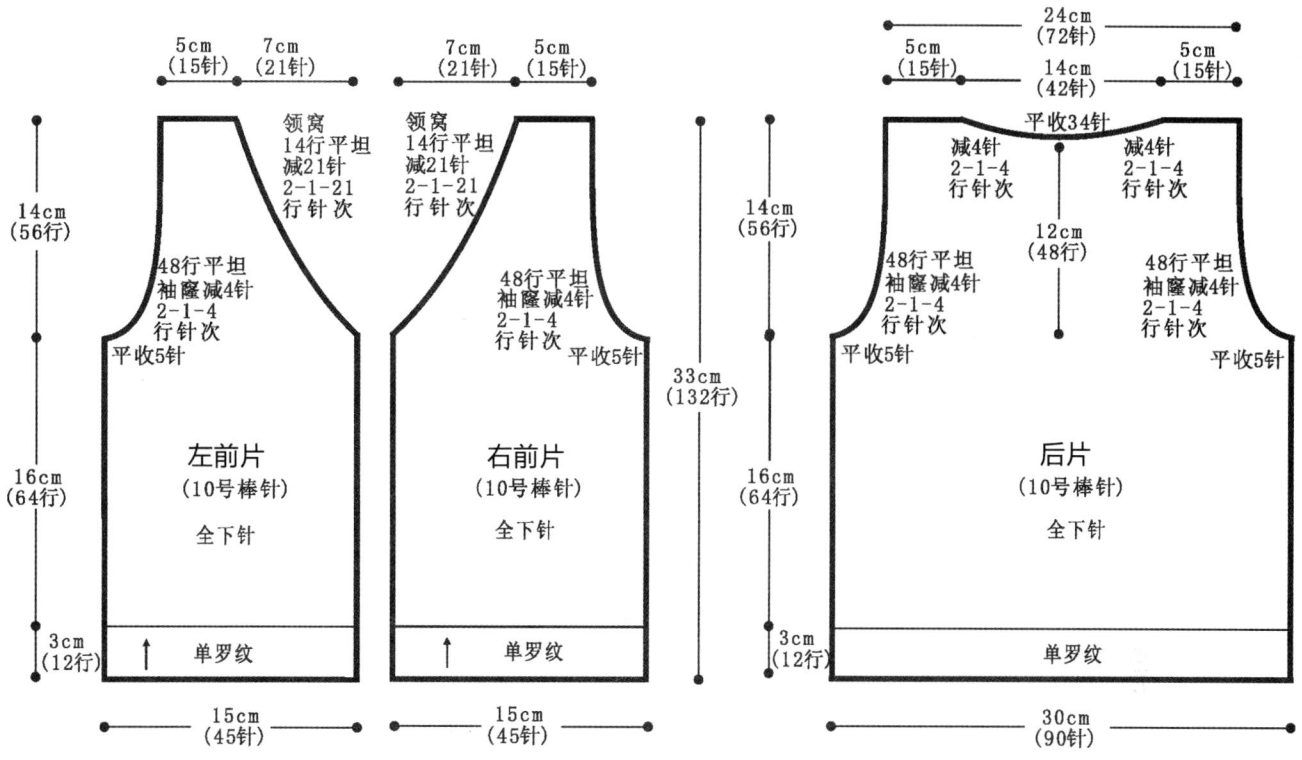

5cm（15针）　7cm（21针）　　7cm（21针）　5cm（15针）

24cm（72针）
5cm（15针）　14cm（42针）　5cm（15针）

领窝
14行平坦
减21针
2-1-21
行针次

平收34针

减4针
2-1-4
行针次

减4针
2-1-4
行针次

14cm（56行）

14cm（56行）

12cm（48行）

48行平坦
袖窿减4针
2-1-4
行针次

平收5针

48行平坦
袖窿减4针
2-1-4
行针次

平收5针

48行平坦
袖窿减4针
2-1-4
行针次

平收5针

48行平坦
袖窿减4针
2-1-4
行针次

平收5针

33cm（132行）

左前片
（10号棒针）

全下针

右前片
（10号棒针）

全下针

后片
（10号棒针）

全下针

16cm（64行）

16cm（64行）

3cm（12行）　单罗纹

3cm（12行）　单罗纹

3cm（12行）　单罗纹

15cm（45针）

15cm（45针）

30cm（90针）

领片
（10号棒针）
单罗纹

（42针）　（8行）

两边袖口挑
108针,织8行
单罗纹

（108针）

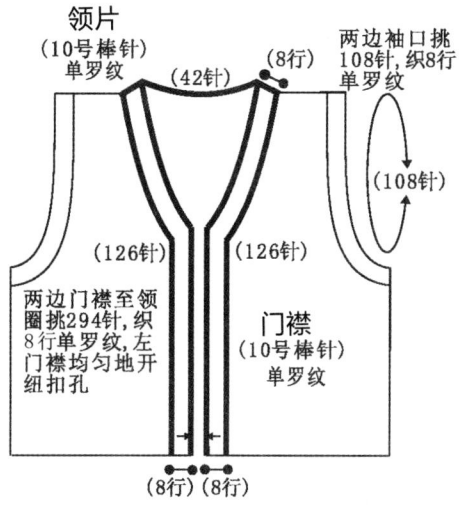

（126针）　（126针）

两边门襟至领
圈挑294针,织
8行单罗纹,左
门襟均匀地开
纽扣孔

门襟
（10号棒针）
单罗纹

（8行）（8行）

全下针

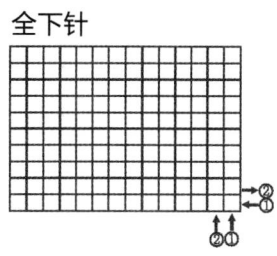

单罗纹

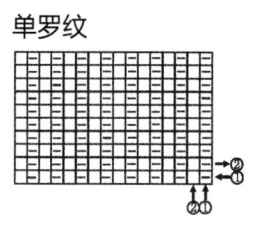

图案

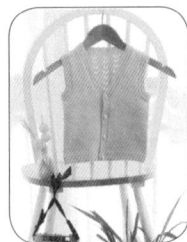

黄色镂空小马甲

【成品尺寸】衣长 34cm　下摆 28cm
【工　　具】10 号棒针 4 支　缝衣针 1 支
【材　　料】黄色羊毛绒线 300g
【密　　度】10cm² ：30 针 ×40 行
【附　　件】纽扣 4 枚

【制作过程】

1. 毛衣用棒针编织，由两片前片、一片后片组成，从下往上编织。

2. 前片：分右前片和左前片编织。（1）右前片：用下针起针法起 42 针，先织 3cm 花样 B 后，改织花样 A，侧缝不用加减针，织至 17cm 至袖窿。

（2）袖窿以上的编织：右侧袖窿平收 5 针后减针，方法是：每织 2 行减 2 针减 5 次，共减 10 针，不加不减平织 46 行至肩部。

（3）同时进行领窝减针，方法是：每 4 行减 2 针减 10 次，每 2 行减 1 针减 8 次，不加不减至肩部余 9 针。

（4）相同的方法、相反的方向编织左前片。

3. 后片：（1）用下针起针法起 84 针，先织 3cm 花样 B 后，改织花样 C，侧缝不用加减针，织 17cm 至袖窿。

（2）袖窿以上编织：袖窿平收 5 针后减针，方法与前片袖窿一样。

（3）同时织至从袖窿算起 12cm 时，开后领窝，中间平收 28 针，两边各减 4 针，方法是：每 2 行减 1 针减 4 次，织至两边肩部余 9 针。

4. 缝合：将前片的侧缝与后片的侧缝对应缝合，前后片的肩部对应缝合。

5. 袖口：两边袖口分别挑 72 针，圈织 12 行花样 B。同样方法编织另一袖口。

6. 领片：两边门襟至领圈边挑 260 针，织 12 行花样 B，左边门襟均匀地开织扣孔，形成开襟 V 领。

7. 用缝衣针缝上纽扣。毛衣编织完成。

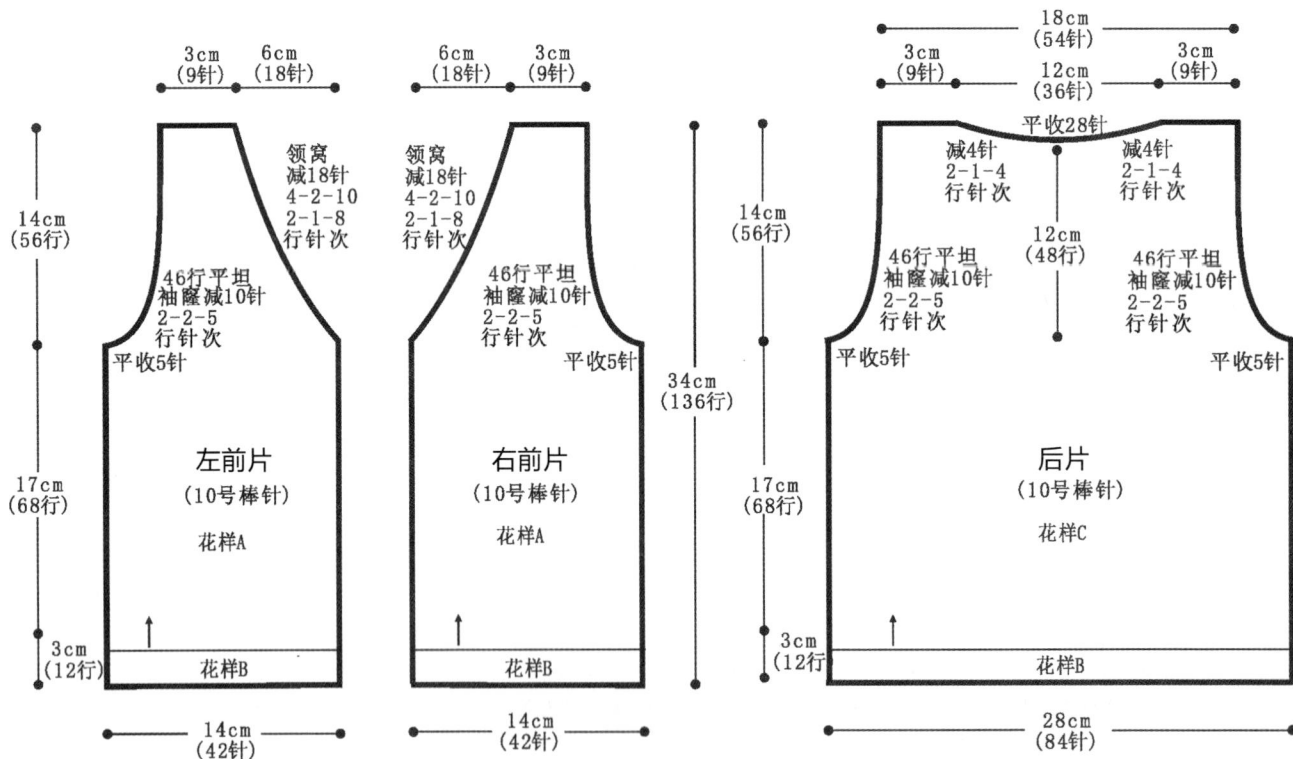

领片
(10号棒针)
花样B

(36针)

(12行)

两边袖口挑
72针，织12行
花样B

(72针)

袖口

(112针)   (112针)

两边门襟至领
圈挑260针，织
12行花样B，左
门襟均匀地开
纽扣孔

门襟
(10号棒针)
花样B

(8行) (8行)

花样 B

花样 A

花样 C

玫红色淑女毛衣

【成品尺寸】衣长 38cm　胸宽 28cm　连肩袖长 8cm

【工　　具】10 号棒针 4 支　缝衣针 1 支

【材　　料】玫红色羊毛绒线 300g

【密　　度】10cm² : 30 针 × 40 行

【附　　件】装饰蝴蝶结 1 枚

【制作过程】

1. 毛衣用棒针编织，由一片前片、一片后片、两片袖片组成，从下往上编织。

2. 前片：分上下片编织。（1）下片编织：分左右前片编织，左前片：用下针起针法起 54 针，先织 2cm 双罗纹后，改织全下针，侧缝不用加减针，织 20cm 至袖窿。同样方法编织右前片。两边门襟分别挑 96 针，织 8 行双罗纹。

（2）上片：用下针起针法起 84 针，织全下针，两边袖窿平收 4 针后减针，方法是：每 2 行减 1 针减 5 次，各减 5 针，不加不减织 54 行至肩部。同时织至袖窿算起 10cm 时，开始开领窝，中间平收 26 针，然后两边减针，方法是：每 2 行减 1 针减 8 次，各减 8 针，不加不减织 8 行至肩部余 12 针。

3. 后片：（1）用下针起针法起 84 针，编织 2cm 双罗纹后，改织全下针，侧缝不用加减针，织 20cm 至袖窿。

（2）袖窿以上的编织。两边袖窿平收 4 针后减针，方法是：每 2 行减 1 针减 5 次，各减 5 针，不加不减织 16cm 至肩部。

（3）同时织至从袖窿算起 14cm 时，开始开领窝，中间平收 34 针，然后两边减针，方法是：每 2 行减 1 针减 4 次，至肩部余 12 针。

4. 袖片：用下针起针法起 48 针，织 2cm 双罗纹后，改织全下针，同时开始袖山减针，方法是：每 2 行减 1 针减 12 次，共减 12 针，至顶部余 24 针。

5. 缝合：左右前片分别打皱褶后与上片叠压缝合，形成前片，将前片的侧缝与后片的侧缝对应缝合。前片的肩部与后片的肩部缝合，两边袖片分别与衣片的袖边缝合。

6. 领片：领圈边挑 122 针，圈织 8 行双罗纹，形成圆领。

7. 用缝衣针缝上前片装饰蝴蝶结。毛衣编织完成。

22m
(66针)
4cm　　14cm　　4cm
(12针)　(42针)　(12针)

领窝　　　平收26针　　领窝
8行平坦　　　　　　　8行平坦
减8针　　　　　　　　减8针
2-1-8　　　　　　　　2-1-8
行针次　　　　　　　行针次

16cm
(64行)

10cm
(40针)
54行平坦　　　　　　54行平坦
袖窿减5针　　　　　　袖窿减5针
2-1-5　　　　　　　　2-1-5
平收4针　行针次　全下针　28cm　行针次　平收4针
(84针)

14cm　　　　14cm
(42针)　　　(42针)

左前片　　　右前片
(10号棒针)　(10号棒针)
全下针　　　全下针

20cm
(80行)

2cm
(8行)
双罗纹　　　双罗纹

18cm　　　18cm
(54针)　　(54针)

22m
(66针)
4cm　　14cm　　4cm
(12针)　(42针)　(12针)

平收34针

领窝　　　　　　　　　领窝
减4针　　　　　　　　减4针
2-1-4　　　　　　　　2-1-4
行针次　　　　　　　行针次

16cm　　　　　14cm
(64行)　　　　(56行)

54行平坦　　　　　　54行平坦
袖窿减5针　　　　　　袖窿减5针
2-1-5　　　　　　　　2-1-5
行针次　　　　　　　行针次

平收4针　　　　　　　平收4针

38cm
(152行)

后片
(10号棒针)

全下针

20cm
(80行)

2cm
(8行)
双罗纹

28cm
(84针)

领圈挑122针织　(122针)
8行双罗纹,形　(36针)　2cm
成圆领　　　　　　　　(8行)

领片

(86针)

8cm
(24针)

袖山　　　　　　　　　袖山
减12针　　　　　　　减12针
2-1-12　　　　　　　2-1-12
行针次　　袖片　　　行针次

6cm　　8cm
(24行)　(32行)
全下针
双罗纹
2cm
(8行)

16cm
(48针)

全下针　　　　　　双罗纹

②　　　　　　　　②
①　　　　　　　　①
③　①　　　　　③　①

大花纹小坎肩

【成品尺寸】衣长 32cm　下摆 34cm

【工　　具】10 号棒针 4 支　缝衣针 1 支

【材　　料】粉红色羊毛绒线 300g

【密　　度】10cm² : 28 针 ×38 行

【附　　件】纽扣 2 枚

【制作过程】

1. 毛衣用棒针编织，为一片式，从左往右横向编织。

2.（1）从右前片起织，用下针起针法起 64 针，先织 2cm 双罗纹门襟。

（2）开始排花样，依次为 28 针花样 A，30 针花样 B，6 针花样 C，继续编织。

（3）织至 17cm 时，侧缝处平收 24 针，并把袖口的 6 针改织花样 C，继续编织 24cm，一边袖口编织完成。

（4）把之前平收的 24 针侧缝，直加回来，按开始时的排花继续编织后片，织至 34cm 时，继续另一边袖口的编织，方法与前面袖口一样。

（5）把袖口减掉的 24 针加回来，继续编织 17cm 左前片后，改织 2cm 双罗纹门襟，收针断线。

3. 把织片的 A 与 B 缝合、C 与 D 缝合。

4. 领圈边挑 106 针，织 18 行花样 C。

5. 用缝衣针缝上纽扣。毛衣编织完成。

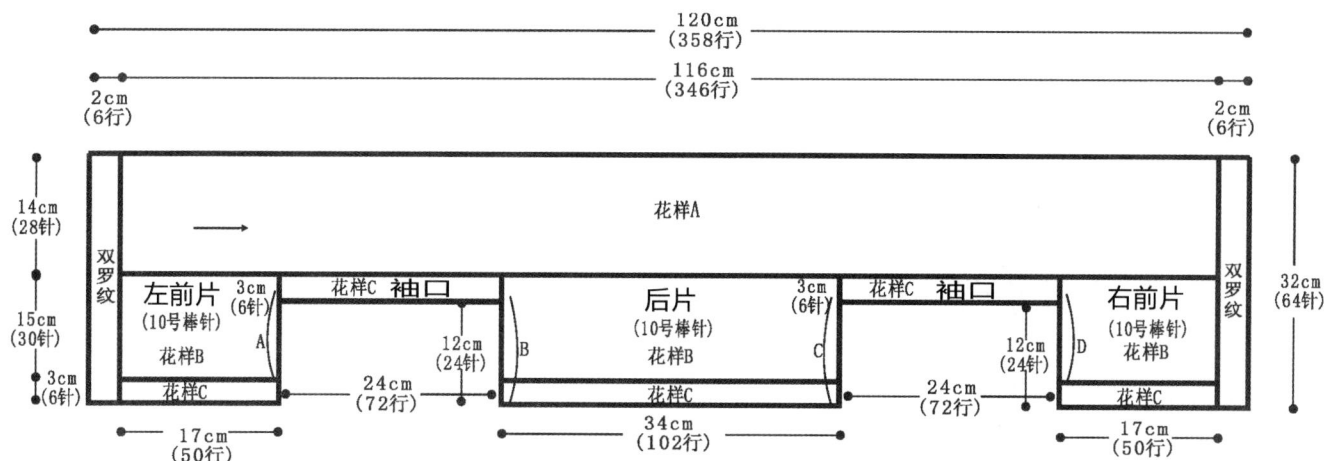

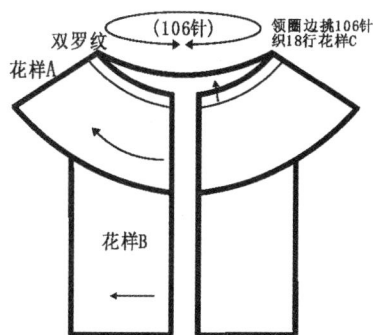

双罗纹

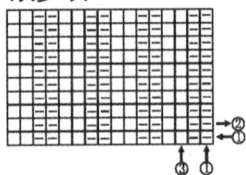

花样 B

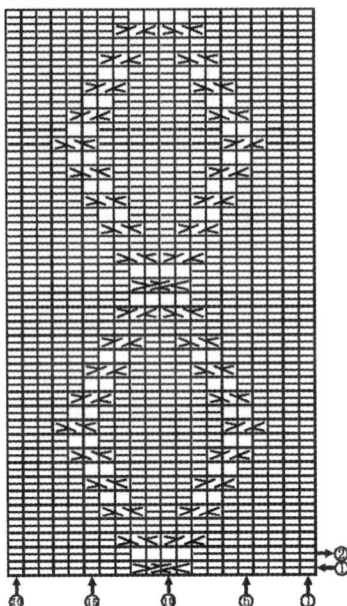

花样 A

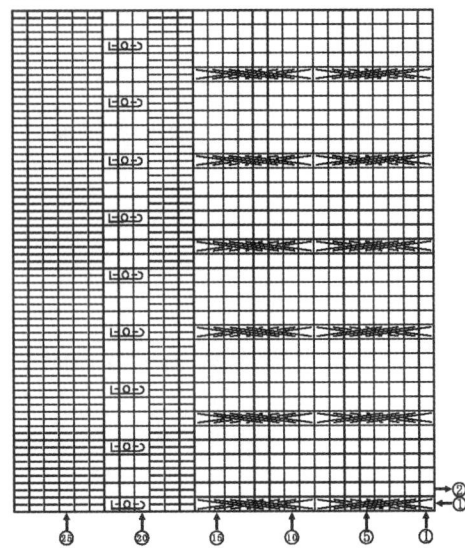

花样 C

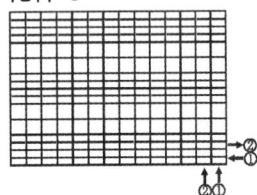

个性小背心

【成品尺寸】衣长 45cm　下摆 30cm

【工　　具】10 号棒针 4 支　缝衣针 1 支

【材　　料】深咖啡色羊毛绒线 300g

【密　　度】10cm² ： 24 针 ×30 行

【附　　件】准备好下摆的留须

【制作过程】

1. 毛衣用棒针编织，由一片前片、一片后片组成，从下往上编织。

2. 前片：（1）用下针起针法起 72 针，先织 3cm 双罗纹后，改织全下针，侧缝不用加减针，在相应的位置开孔。方法是：先平收 6 针，在下一行平加 6 针，织 24cm 至袖窿。

（2）袖窿以上的编织：两边袖窿减针（注意：减针时留 2 针边针，在边针的内侧减针），方法是：每 2 行减 2 针减 3 次，各减 6 针，不加不减织 66 行。

（3）同时从袖窿算起织至 3cm 时，开始开领窝，中间平收 12 针，然后两边减针，方法是：每 2 行减 2 针减 6 次，每 2 行减 1 针

减 4 次，共减 16 针，不加不减织 24 行至肩部余 6 针。

3. 后片：（1）袖窿和袖窿以下的编织方法与前片袖窿一样。

（2）同时织至从袖窿算起 15cm 时开始开领窝，中间平收 28 针，然后两边减针，方法是：每 2 行减 2 针减 4 次，各减 8 针，织至肩部余 6 针。

4. 缝合：将前片的侧缝与后片的侧缝对应缝合。前片的肩部与后片的肩部缝合。

5. 领片：领圈边挑 170 针，环织 6 行双罗纹，形成圆领。

6. 下摆留须用毛线，剪 18cm 长的线段若干条，系于下摆。毛衣编织完成。

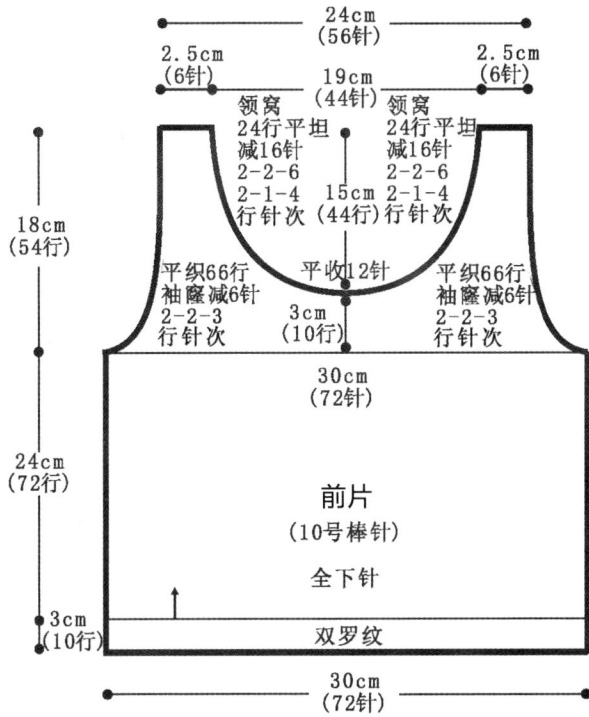

24cm
(56针)

2.5cm 　　19cm 　　2.5cm
(6针) 　　(44针) 　　(6针)

领窝
24行平坦
减16针
2-2-6
2-1-4
行针次

领窝
24行平坦
减16针
2-2-6
2-1-4
行针次

15cm
(44行)

18cm
(54行)

平织66行
袖窿减6针
2-2-3
行针次

平收12针

平织66行
袖窿减6针
2-2-3
行针次

3cm
(10行)

45cm
(136行)

30cm
(72针)

前片
(10号棒针)

全下针

24cm
(72行)

3cm
(10行)

双罗纹

30cm
(72针)

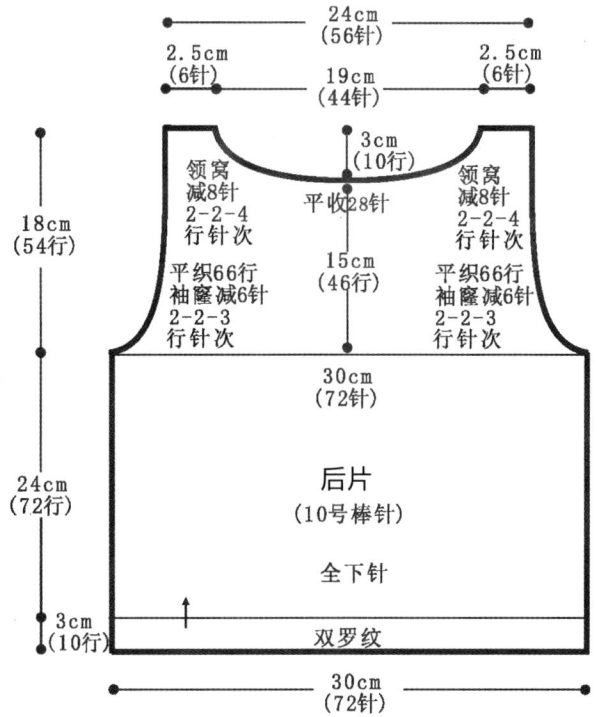

24cm
(56针)

2.5cm 　　19cm 　　2.5cm
(6针) 　　(44针) 　　(6针)

3cm
(10行)

领窝
减8针
2-2-4
行针次

平收28针

领窝
减8针
2-2-4
行针次

18cm
(54行)

平织66行
袖窿减6针
2-2-3
行针次

15cm
(46行)

平织66行
袖窿减6针
2-2-3
行针次

30cm
(72针)

后片
(10号棒针)

全下针

24cm
(72行)

3cm
(10行)

双罗纹

30cm
(72针)

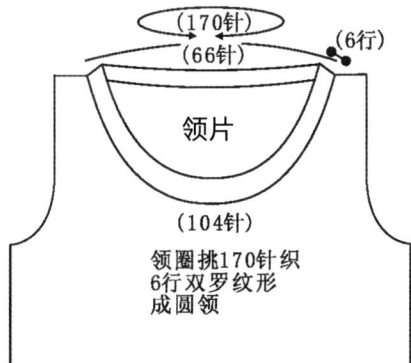

(170针)

(66针) (6行)

领片

(104针)

领圈挑170针织
6行双罗纹形
成圆领

全下针

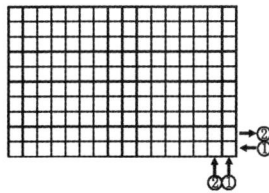

双罗纹

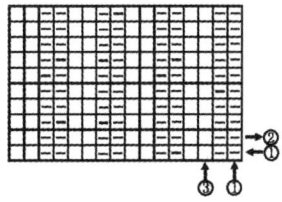

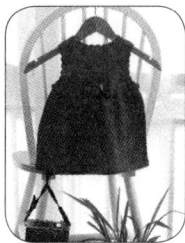

优雅紫色背心裙

【成品尺寸】衣长 40cm　胸宽 31cm　下摆 38cm

【工　　具】10 号棒针 4 支　缝衣针、钩针各 1 支

【材　　料】紫色羊毛绒线 300g

【密　　度】10cm^2：30 针 ×40 行

【附　　件】蝴蝶结亮珠 3 枚

【制作过程】

1. 毛衣用棒针编织，由一片前片、一片后片组成，从下往上编织。

2. 前片：（1）用下针起针法起 114 针，先织 6cm 全下针，对折缝合，形成双层平针底边，继续编织，改织花样 A，侧缝不用加减针，织 17cm 时分散减 20 针，此时针数为 94 针，改织全下针，织 3cm 至袖窿。

（2）袖窿以上编织：袖窿两边平收 4 针后减针，方法是：每 2 行减 2 针减 4 次，余下针数不加不减织 48 行至肩部。

（3）同时从袖窿算起织至 8cm 时，开始领窝减针，中间平收 24 针，两边各减 14 针，方法是：每 2 行减 2 针减 7 次，至肩部余 9 针。

3. 后片：（1）用下针起针法起 114 针，先织 6cm 全下针，对折缝合，形成双层平针底边，继续编织，改织花样 A，侧缝不用加减针，织 17cm 时分散减 20 针，此时针数为 94 针，改织全下针，织 3cm 至袖窿。

（2）袖窿以上编织：袖窿两边平收 4 针后减针，方法是：每 2 行减 2 针减 4 次，余下针数不加不减织 12cm 至肩部。

（3）同时从袖窿算起织至 12cm 时，开始领窝减针，中间平收 36 针，两边各减 8 针，方法是：每 2 行减 2 针减 4 次，至肩部余 9 针。

4. 缝合：将前片的侧缝与后片的侧缝对应缝合。前后片的肩部对应缝合。

5. 袖口：两边袖口分别用钩针钩织花边。

6. 领片：领圈边用钩针钩织花边，形成圆领。

7. 蝴蝶结：起 36 针，织 8cm 花样 B，在中间打皱褶，缝合于前片相应的位置上，并缝上亮珠。毛衣编织完成。

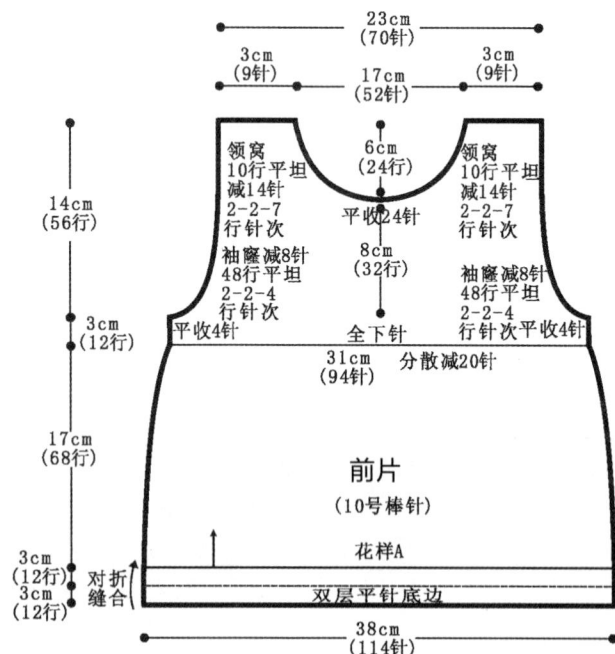

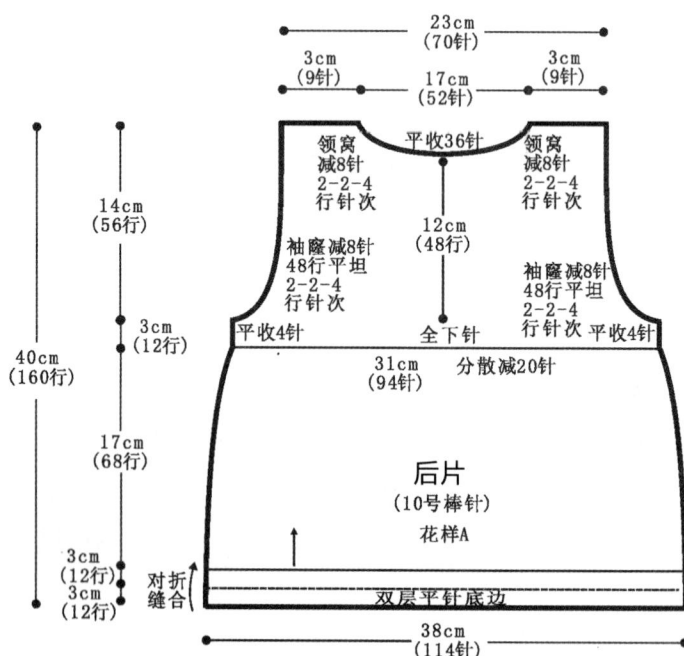

前片（10 号棒针）

23cm（70针）
3cm（9针）　17cm（52针）　3cm（9针）
6cm（24行）
领窝 10行平坦 减14针 2-2-7 行针次
平收24针
8cm（32行）
袖窿减8针 48行平坦 2-2-4 行针次
平收4针　全下针　平收4针
31cm（94针）　分散减20针
14cm（56行）　3cm（12行）　17cm（68行）
花样A
双层平针底边
对折缝合
3cm（12行）　3cm（12行）
38cm（114针）
40cm（160行）

后片（10 号棒针）

23cm（70针）
3cm（9针）　17cm（52针）　3cm（9针）
平收36针
领窝减8针 2-2-4 行针次
12cm（48行）
袖窿减8针 48行平坦 2-2-4 行针次
平收4针　全下针　平收4针
31cm（94针）　分散减20针
14cm（56行）　3cm（12行）　17cm（68行）
花样A
双层平针底边
对折缝合
3cm（12行）　3cm（12行）
38cm（114针）

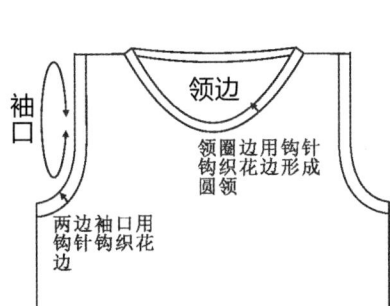

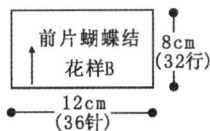

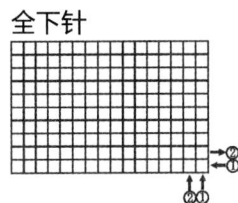

袖口

领边

领圈边用钩针
钩织花边形成
圆领

两边袖口用
钩针钩织花
边

花边

全下针

前片蝴蝶结
花样B

8cm
(32行)

12cm
(36针)

花样 A

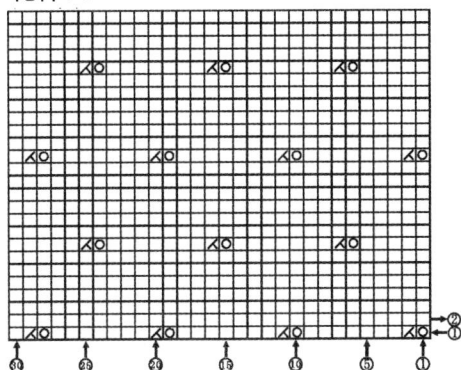

双层平针底边

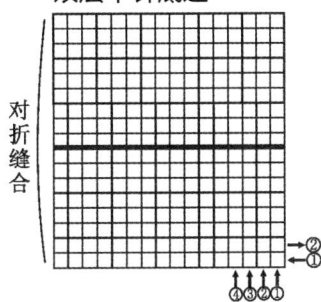

对折缝合

花样 B

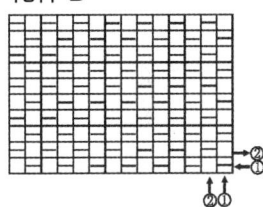

粉色无袖毛衣

【成品尺寸】衣长 42cm 胸围 27cm

【工　　具】10 号棒针 4 支 缝衣针 1 支

【材　　料】粉红色羊毛绒线 300g

【密　　度】10cm² ：30 针 ×40 行

【附　　件】纽扣 6 枚

【制作过程】

1. 毛衣用棒针编织，由两片前片、一片后片组成，从下往上编织。

2. 前片：分右前片和左前片编织。右前片：（1）用下针起针法起 48 针，织花样 B（其中门襟边的 18 针继续织花样 C），侧缝不用加减针，织 23cm 后改织花样 A，再织 3cm 至袖窿。

（2）袖窿以上的编织：袖窿平收 4 针后减针，方法是：每 2 行减 2 针减 3 次，共减 6 针，不加不减织 58 行至肩部。

（3）同时从袖窿算起织至 7cm 时，门襟平收 18 针后，开始领窝减针，方法是：每 2 行减 1 针减 6 次，不加不减织 24 行至肩部余 14 针。

（4）相同的方法、相反的方向编织左前片，并均匀地开纽扣孔。

3. 后片：（1）先用下针起针法起 82 针，织花样 B，侧缝不用

加减针，织至 23cm 时改织 3cm 花样 A 至袖窿。

（2）袖窿以上编织：袖窿两边平收 4 针后减针，方法与前片袖窿一样。

（3）同时从袖窿算起织至 14cm 时，开后领窝，中间平收 26 针，两边减针，方法是：每 2 行减 1 针减 4 次，织至两边肩部余 14 针。

4. 缝合：将前片的侧缝与后片的侧缝对应缝合，再将两袖片的袖下缝合后，袖山边线与衣身的袖窿边对应缝合。

5. 领片：领圈边挑 98 针，织 34 行花样 D，收针断线，形成开襟翻领，并在领边钩织花边。

6. 两边袖口分别挑 88 针，织 8 行花样 D，收针断线。

7. 缝上纽扣。毛衣编织完成。

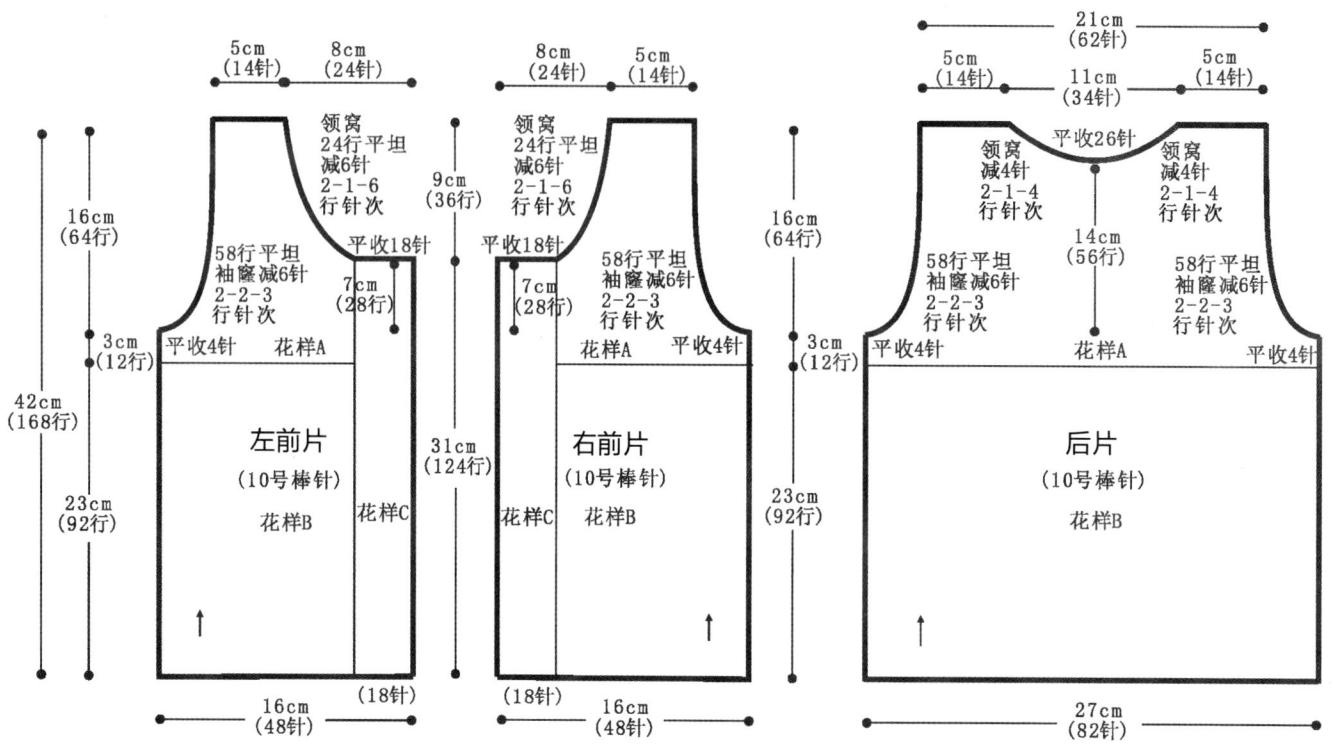

左前片
（10号棒针）

花样B　花样C

5cm（14针）　8cm（24针）

领窝平坦24行减6针 2-1-6 行针次

58行平坦袖窿减6针 2-2-3 行针次

平收18针

平收4针　花样A

7cm（28行）

9cm（36行）

16cm（64行）

3cm（12行）

42cm（168行）

23cm（92行）

16cm（48针）　（18针）

31cm（124行）

右前片
（10号棒针）

花样C　花样B

8cm（24针）　5cm（14针）

领窝平坦24行减6针 2-1-6 行针次

58行平坦袖窿减6针 2-2-3 行针次

平收18针

花样A　平收4针

7cm（28行）

16cm（64行）

3cm（12行）

23cm（92行）

（18针）　16cm（48针）

后片
（10号棒针）

花样B

21cm（62针）

5cm（14针）　11cm（34针）　5cm（14针）

平收26针

领窝减4针 2-1-4 行针次

58行平坦袖窿减6针 2-2-3 行针次

平收4针　花样A　平收4针

14cm（56行）

16cm（64行）

3cm（12行）

23cm（92行）

27cm（82针）

领片
（10号棒针）
花样D

（98针）

（42针）

7cm（34行）

（28针）　（28针）

袖口

（88针）

两边袖口分别挑88针织8行花样D

领圈边挑98针织34行花样D形成开襟翻领并在领边钩织花边

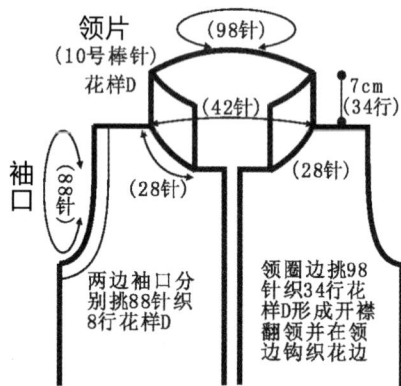
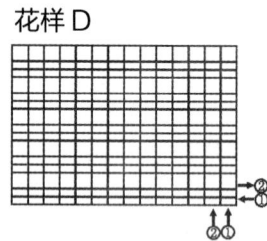

钩针花边

花样D

花样A

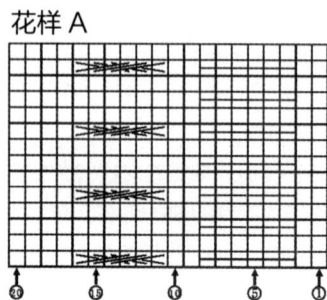

花样B

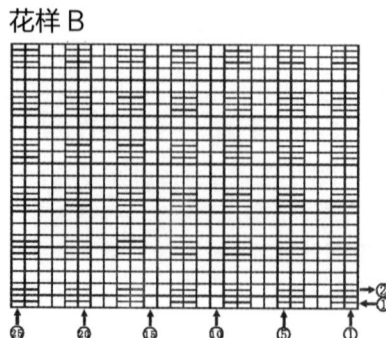

花样C

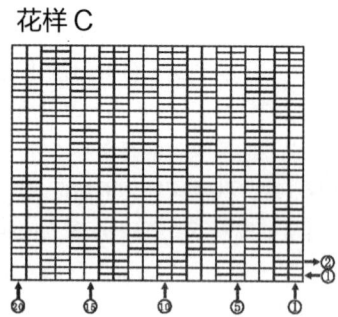

076

拼接小背心

【成品尺寸】衣长 37cm　胸围 30cm

【工　　具】10 号棒针 4 支　缝衣针 1 支

【材　　料】白色、粉红色羊毛绒线各 200g

【密　　度】10cm² : 30 针 ×40 行

【附　　件】装饰花朵 1 朵　口袋纽扣 3 枚

【制作过程】

1. 毛衣用棒针编织，由一片前片、一片后片组成，从下往上编织。

2. 前片：（1）用下针起针法，起 126 针，先按双层平针底边花样，织 4cm 全下针，对折缝合后，继续编织全下针，织 30 行时，中间 42 针口袋另织，继续用粉红色线，两边减针，方法是：每 6 行减 1 针减 6 次，织 10cm 余 30 针，收针断线，形成口袋。然后在口袋内侧的底部挑 42 针，与原来两边的针数合并继续编织，改用白色线，侧缝减 8 针，方法是：每 10 行减 1 针减 8 次，织 20cm 至袖窿，然后分散减 20 针，此时针数为 90 针。口袋两边与织片缝合。

（2）袖窿以上的编织：两边袖窿平收 4 针后减针，方法是：每 2 行减 2 针减 4 次，各减 8 针，不加不减织 52 行。

（3）同时从袖窿算起至 8cm 时，开始开领窝，中间平收 26 针，然后两边减针，方法是：每 2 行减 1 针减 14 次，共减 14 针，不加不减织 7cm 至肩部余 6 针。

3. 后片：（1）袖窿和袖窿以下的编织方法与前片袖窿一样。注意配色。

（2）同时织至袖窿算起 13cm 时，开始领窝减针，中间平收 46 针，然后两边减针，方法是：每 2 行减 1 针减 4 次，至肩部余 6 针。

4. 缝合：将前片的侧缝与后片的侧缝对应缝合。前片的肩部与后片的肩部缝合。

5. 袖口：两边袖口分别用白色线挑 110 针，环织 10 行花样 A。

6. 领片：领圈边用白色线挑 138 针，环织 10 行花样 A，形成圆领。

7. 缝上装饰花朵和口袋的纽扣。毛衣编织完成。

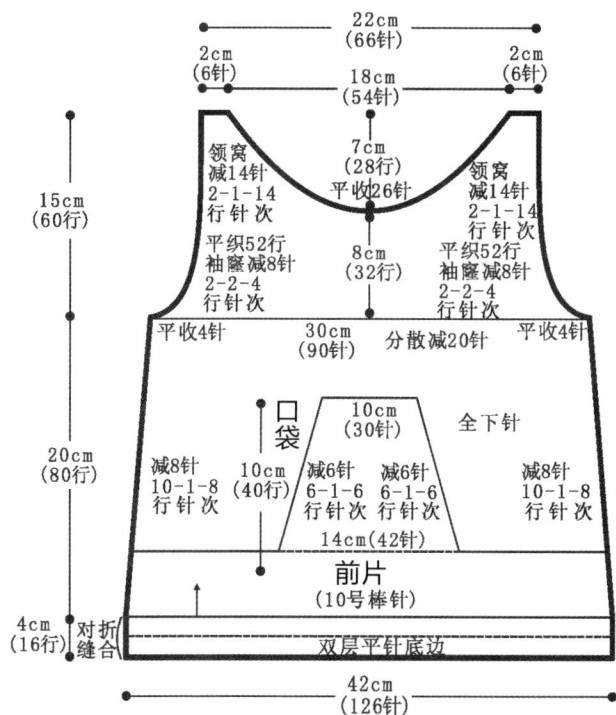

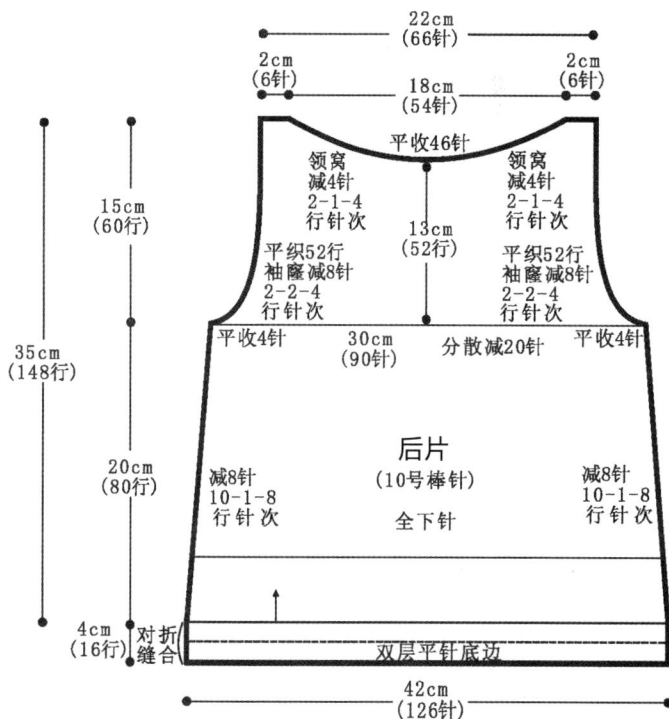

前片图解

- 22cm（66针）
- 2cm（6针）
- 18cm（54针）
- 2cm（6针）
- 15cm（60行）
- 领窝减14针 2-1-14 行针次
- 7cm（28行）平收26针
- 领窝减14针 2-1-14 行针次
- 平织52行 袖窿减8针 2-2-4 行针次
- 8cm（32行）
- 平织52行 袖窿减8针 2-2-4 行针次
- 平收4针
- 30cm（90针）分散减20针
- 平收4针
- 10cm（30针）
- 口袋
- 全下针
- 20cm（80行）
- 减8针 10-1-8 行针次
- 10cm（40行）
- 减6针 6-1-6 行针次
- 减6针 6-1-6 行针次
- 减8针 10-1-8 行针次
- 14cm（42针）
- 前片（10号棒针）
- 4cm（16行）对折缝合
- 双层平针底边
- 42cm（126针）

后片图解

- 22cm（66针）
- 2cm（6针）
- 18cm（54针）
- 2cm（6针）
- 15cm（60行）
- 平收46针
- 领窝减4针 2-1-4 行针次
- 领窝减4针 2-1-4 行针次
- 13cm（52行）
- 平织52行 袖窿减8针 2-2-4 行针次
- 平织52行 袖窿减8针 2-2-4 行针次
- 35cm（148行）
- 平收4针
- 30cm（90针）分散减20针
- 平收4针
- 20cm（80行）
- 减8针 10-1-8 行针次
- 后片（10号棒针）
- 全下针
- 减8针 10-1-8 行针次
- 4cm（16行）对折缝合
- 双层平针底边
- 42cm（126针）

花样

全下针

双层平针底边

对折缝合

（138针）
（68针）
（10行）
袖口
110针
领圈挑138针
织10行花样A
形成圆领
两边袖口
挑110针织
10行花样A
（70针）

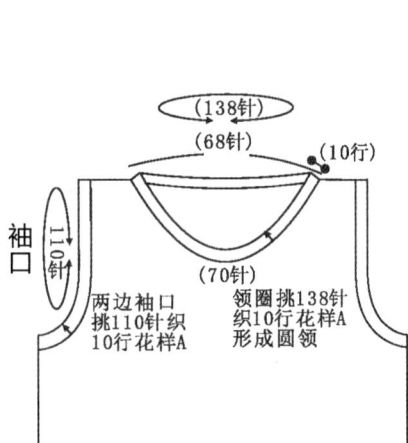

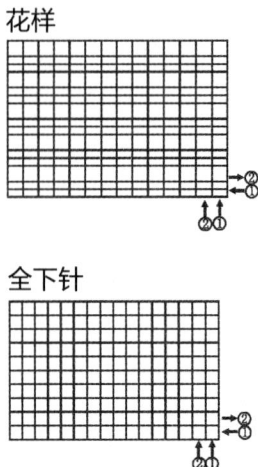

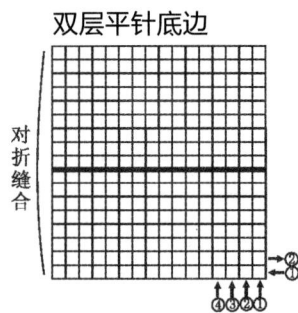

绿色小汽车马甲

【成品尺寸】衣长33cm　下摆28cm
【工　　具】10号棒针4支　缝衣针1支
【材　　料】绿色羊毛绒线300g　红色、黑色线各少许
【密　　度】10cm² : 30针×40行
【附　　件】图案标志1个

【制作过程】

1.毛衣用棒针编织，由一片前片、一片后片组成，从下往上编织。

2.前片：（1）用下针起针法起84针，先织10行花样后，中间留64针，改织全下针，两边边织边加针，并在下摆两边挑1针，至加完10针，方法是：每2行加1针加10次，织20行停止加针，两边各留8针继续织花样，其余织全下针，侧缝不用加减针，织48行至袖窿。

（2）袖窿以上的编织：两边袖窿平收8针后减针，方法是：每2行减2针减3次，各减6针，不加不减织58行。

（3）同时从袖窿算起织至7cm时，开始开领窝，中间平收18针，然后两边减针，方法是：每2行减2针减5次各减10针，不加不减织9cm至肩部余9针。

3.后片：（1）袖窿和袖窿以下的编织方法与前片袖窿一样，后片编织全下针。

（2）同时织至从袖窿算起56行时，进行领窝减针，中间平收30针，然后两边减针，方法是：每2行减1针减4次，至肩部余9针。

4.缝合：将前片的侧缝与后片的侧缝对应缝合。前片的肩部与后片的肩部缝合。

5.袖口：两边袖口分别挑88针，环织10行花样。

6.领片：领圈边挑126针，环织10行花样，形成圆领。

7.侧缝的衬边另织，起8针，织32行花样，缝合到毛衣的两边。把图案标志缝上，毛衣编织完成。

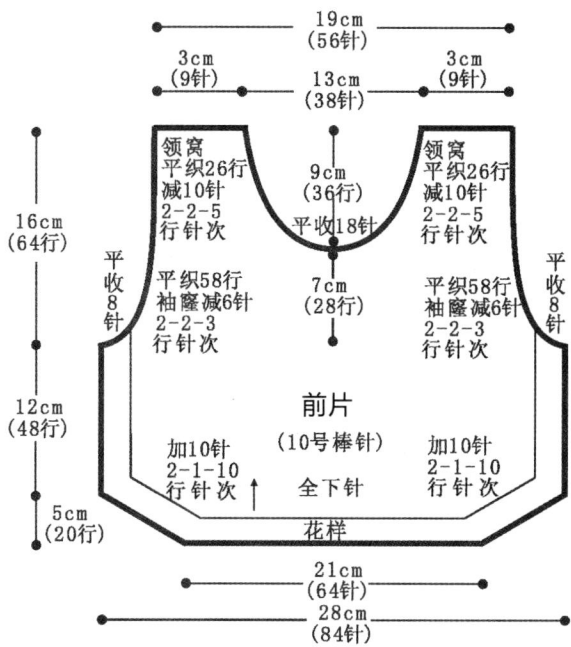

19cm
(56针)

3cm   13cm   3cm
(9针)   (38针)   (9针)

领窝   领窝
平织26行   9cm   平织26行
减10针   (36行)   减10针
2-2-5   平收18针   2-2-5
行针次   行针次

16cm
(64行)

平   平
收   7cm   收
8   (28行)   8
针   针

平织58行   平织58行
袖窿减6针   袖窿减6针
2-2-3   2-2-3
行针次   行针次

前片
(10号棒针)

12cm
(48行)

加10针   加10针
2-1-10   2-1-10
行针次   全下针↑   行针次

5cm
(20行)   花样

21cm
(64针)

28cm
(84针)

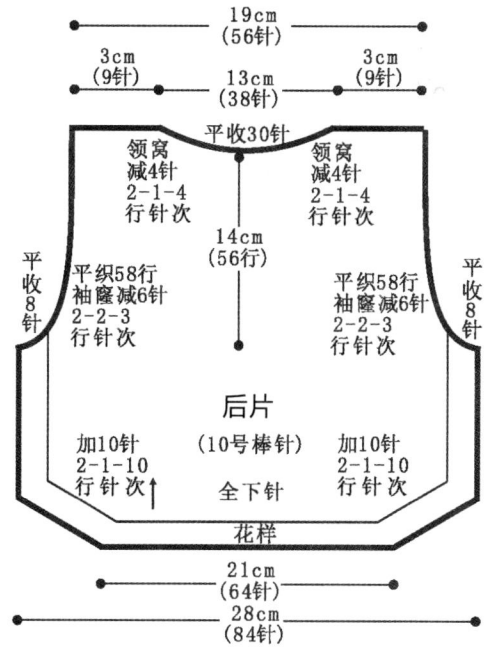

19cm
(56针)

3cm   13cm   3cm
(9针)   (38针)   (9针)

平收30针

领窝   领窝
减4针   减4针
2-1-4   2-1-4
行针次   行针次

16cm   14cm
(64行)   (56行)

平   平
收   收
8   8
针   针

平织58行   平织58行
袖窿减6针   袖窿减6针
2-2-3   2-2-3
行针次   行针次

后片
(10号棒针)

33cm
(132行)

12cm
(48行)

加10针   加10针
2-1-10   2-1-10
行针次   全下针↑   行针次

花样

21cm
(64针)

28cm
(84针)

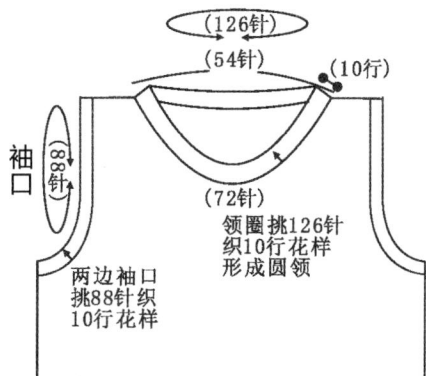

(126针)

(54针)   (10行)

袖
口   (88针)

(72针)

领圈挑126针
织10行花样
形成圆领

两边袖口
挑88针织
10行花样

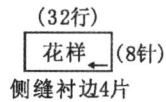

(32行)

花样 (8针)

侧缝衬边4片

全下针   花样

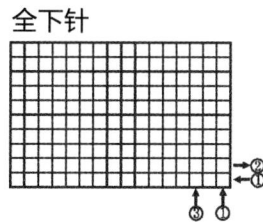   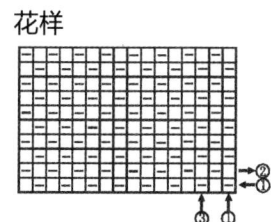

灰色卡通图案背心

【成品尺寸】衣长 32cm　下摆 26cm
【工　　具】10 号棒针 4 支　缝衣针 1 支
【材　　料】灰色羊毛绒线 300g
【密　　度】10cm² : 30 针 × 40 行
【附　　件】图案标志 1 个

【制作过程】

1. 毛衣用棒针编织，由两片前片、一片后片组成，从下往上编织。

2. 前片：（1）用下针起针法起 78 针，先织 3cm 单罗纹后，改织全下针，中间 10 针织花样 A，侧缝不用加减针，织 15cm 至袖窿。

（2）袖窿以上编织：两边袖窿平收 4 针后，留 4 针织花样 B，并在花样 B 的内侧减针，方法是：每 2 行减 2 针减 2 次，共减 4 针，不加不减织 52 行至肩部。

（3）同时进行领窝减针，按花样 A 编织，领口在花样 A 的内侧减领窝，方法是：每 2 行减 1 针减 19 次，平织 18 行至肩部余 12 针。

3. 后片：（1）用下针起针法起 78 针，先织 3cm 单罗纹后，改织全下针，侧缝不用加减针，织 15cm 至袖窿。

（2）袖窿以上编织：两边袖窿平收 4 针后，留 4 针织花样 B，并在 4 针花样 B 的内侧减针，方法与前片袖窿一样。

（3）同时织至从袖窿算起 12cm 时，开后领窝，中间平收 30 针，两边各减 4 针，方法是：每 2 行减 1 针减 4 次，织至两边肩部余 12 针。

4. 领片：按花样 A 编织，领口在花样 A 的内侧减领窝。

5. 缝合：将前片的侧缝与后片的侧缝对应缝合，前后片的肩部对应缝合。用缝衣针缝上图案标志。毛衣编织完成。

前片（10号棒针）
花样A
全下针
单罗纹

21cm（62）
4cm（12针）　13cm（38针）　4cm（12针）
领窝 平织18行 减19针 2-1-19 行针次
平收4针（4针）
52行平坦 袖窿减4针 2-2-2 行针次
14cm（56行）
15cm（60行）
3cm（12行）
26cm（78针）
32cm（128行）

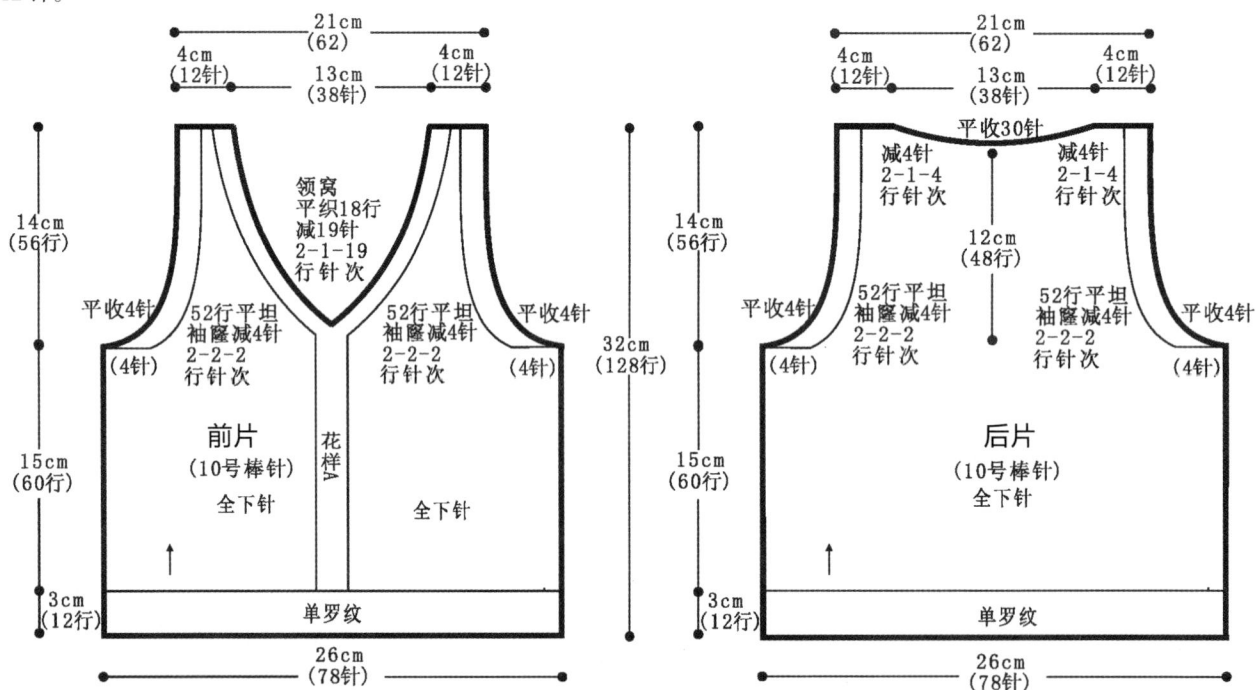

后片（10号棒针）
全下针
单罗纹

21cm（62）
4cm（12针）　13cm（38针）　4cm（12针）
平收30针
减4针 2-1-4 行针次
12cm（48行）
平收4针（4针）
52行平坦 袖窿减4针 2-2-2 行针次
14cm（56行）
15cm（60行）
3cm（12行）
26cm（78针）

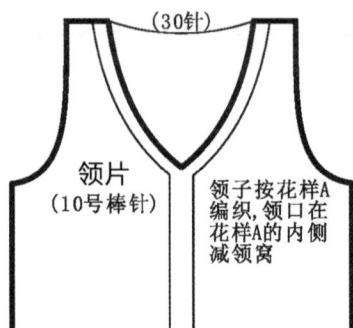

领片（10号棒针）
（30针）
领子按花样A编织，领口在花样A的内侧减领窝

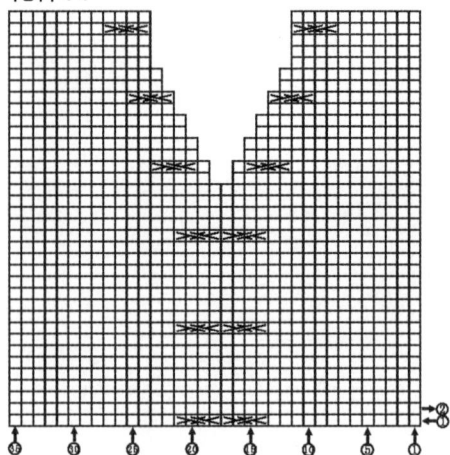

花样 A

080

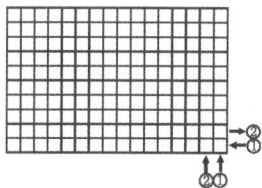
全下针

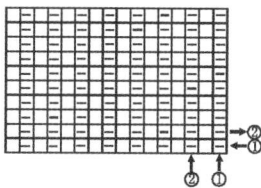
单罗纹

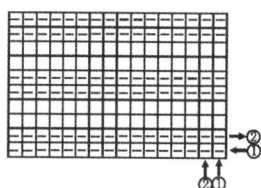
花样 B

纯色 V 领小背心

【成品尺寸】衣长 36cm　下摆 32cm
【工　　具】10 号棒针 4 支　缝衣针 1 支
【材　　料】蓝色羊毛绒线 300g
【密　　度】10cm² ：30 针 ×40 行

【制作过程】

1. 毛衣用棒针编织，由一片前片、一片后片组成，从下往上编织。

2. 前片：（1）用下针起针法起 96 针，先织 3cm 单罗纹后，改织花样 A，侧缝不用加减针，织 18cm 至袖窿。

（2）袖窿以上的编织：改织花样 B，两边袖窿平收 4 针后减针，方法是：每 2 行减 2 针减 4 次，各减 8 针，不加不减织 52 行。

（3）同时从袖窿算起织至 7cm 时，开始开领窝，并改织全下针，中间平收 10 针，然后两边减针，方法是：每 2 行减 1 针减 16 次，各减 16 针，不加不减织 8cm 至肩部余 15 针。

3. 后片：（1）袖窿和袖窿以下的编织方法与前片袖窿一样，

后片编织花样 A。

（2）同时织至从袖窿算起 14cm 时，进行领窝减针，中间平收 34 针，然后两边减针，方法是：每 2 行减 1 针减 4 次，至肩部余 15 针。

4. 缝合：将前片的侧缝与后片的侧缝对应缝合。前片的肩部与后片的肩部缝合。

5. 袖口：两边袖口分别挑 86 针，环织 8 行单罗纹。

6. 领片：领片另织，起 10 针，织 120 行单罗纹，缝合到领圈边，领窝底重叠，形成叠领。毛衣编织完成。

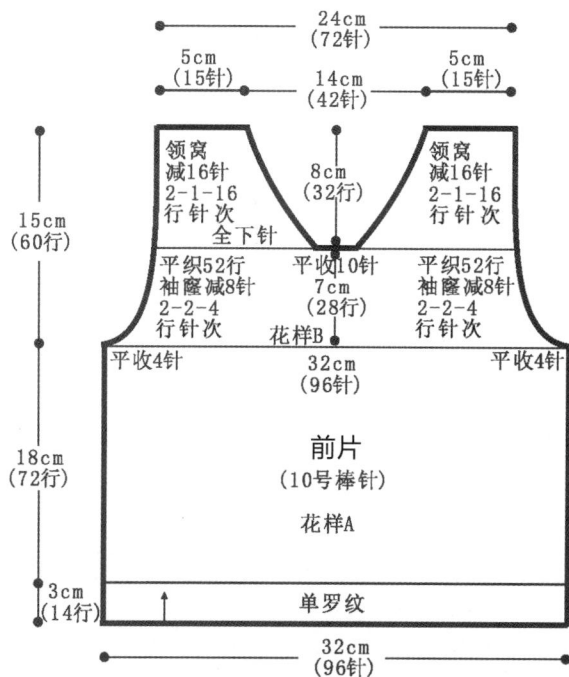

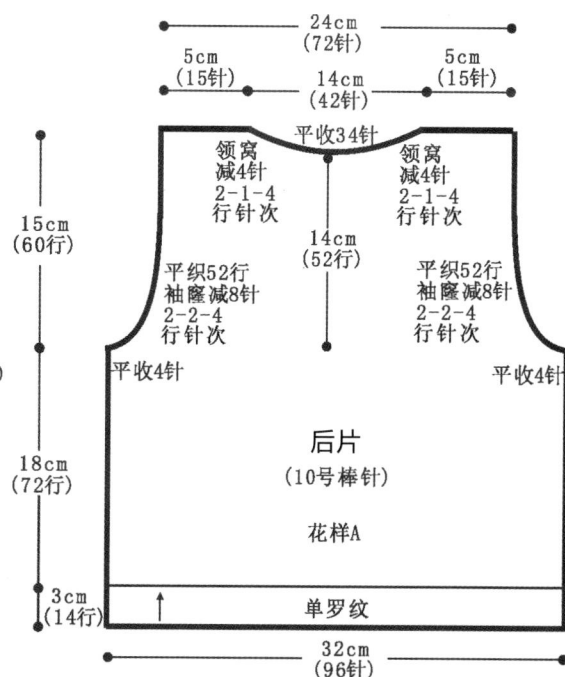

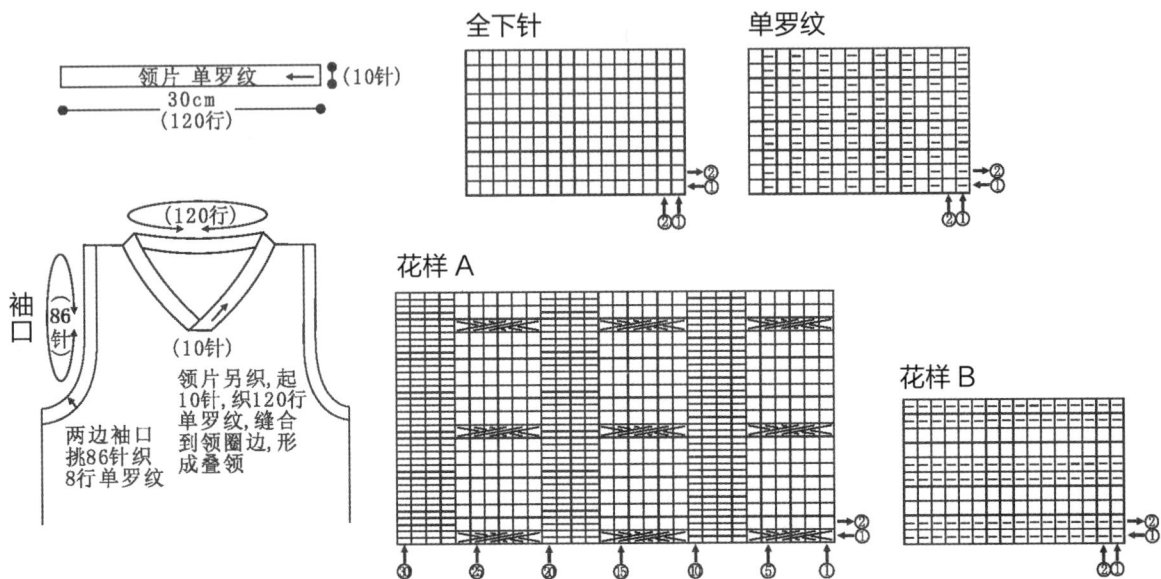

全下针　　单罗纹

花样 A

花样 B

领片　单罗纹　←　(10针)
30cm
(120行)

(120行)

袖口

86针

(10针)

领片另织,起
10针,织120行
单罗纹,缝合
到领圈边,形
成叠领

两边袖口
挑86针织
8行单罗纹

酒红色小马甲

【成品尺寸】衣长 27cm　下摆 23cm

【工　　具】10 号棒针 4 支　缝衣针 1 支

【材　　料】酒红色羊毛绒线 300g

【密　　度】10cm² : 30 针 ×40 行

【制作过程】

1. 毛衣用棒针编织, 为一片式从下往上编织。

2. 用下针起针法起 264 针, 织花样, 织至 6cm 时, 在织片的两边平收 98 针, 中间余 68 针继续编织 21cm, 收针断线。

3. 先把织片的 E 与 F 缝合, 然后 AB 与 CD 缝合, 形成缝合后的结构图。毛衣编织完成。

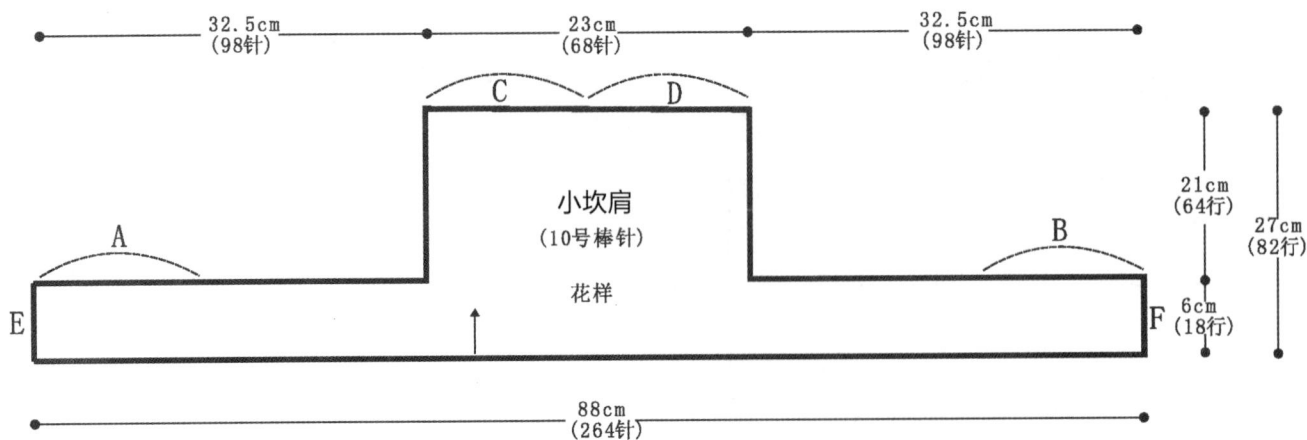

32.5cm
(98针)

23cm
(68针)

32.5cm
(98针)

C　　D

小坎肩
(10号棒针)

A

B

花样

E

F

21cm
(64行)

6cm
(18行)

27cm
(82行)

88cm
(264针)

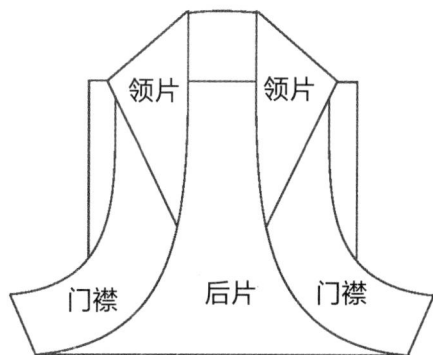

毛衣缝合后的结构图

花样

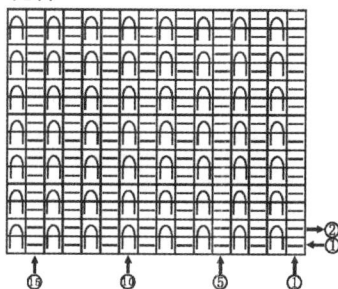

浅黄色小马甲

【成品尺寸】衣长 34cm 下摆 29cm
【工　　具】10 号棒针 4 支 缝衣针 1 支
【材　　料】浅黄色羊毛绒线 300g
【密　　度】10cm² : 30 针 × 40 行
【附　　件】纽扣 3 枚

【制作过程】

1. 毛衣用棒针编织，由两片前片、一片后片组成，从下往上编织。

2. 前片：分右前片和左前片编织。（1）右前片：用下针起针法起 44 针，门襟留 7 针织花样 C，其余的针数先织 5cm 花样 B 后，改织花样 A，侧缝不用加减针，织至 13cm 至袖窿。

（2）袖窿以上的编织：右侧袖窿平收 4 针后，留 4 针织花样 C，并在 4 针花样 A 的内侧减针，方法是：每织 2 行减 2 针减 2 次，共减 4 针，不加不减平织 60 行至肩部。

（3）同时织至从袖窿算起 8cm 时进行领窝减针，门襟处平收 7 针后减针，方法是：每 2 行减 2 针减 10 次，不加不减平织 12 行至肩部余 9 针。

（4）相同的方法、相反的方向编织左前片。右前片均匀地开纽扣孔。

3. 后片：（1）用下针起针法起 88 针，先织 5cm 花样 B 后，改织花样 A，侧缝不用加减针，织 13cm 至袖窿。

（2）袖窿以上编织：两边袖窿平收 4 针后，留 4 针织花样 C，并在 4 针花样 C 的内侧减针，方法与前片袖窿一样。

（3）同时织至从袖窿算起 14cm 时，开后领窝，中间平收 46 针，两边各减 4 针，方法是：每 2 行减 1 针减 4 次，织至两边肩部余 9 针。

4. 缝合：将前片的侧缝与后片的侧缝对应缝合，前后片的肩部对应缝合。

5. 领片：领圈边挑 98 针，织 6 行花样 C，形成开襟圆领。

6. 用缝衣针缝上纽扣。毛衣编织完成。

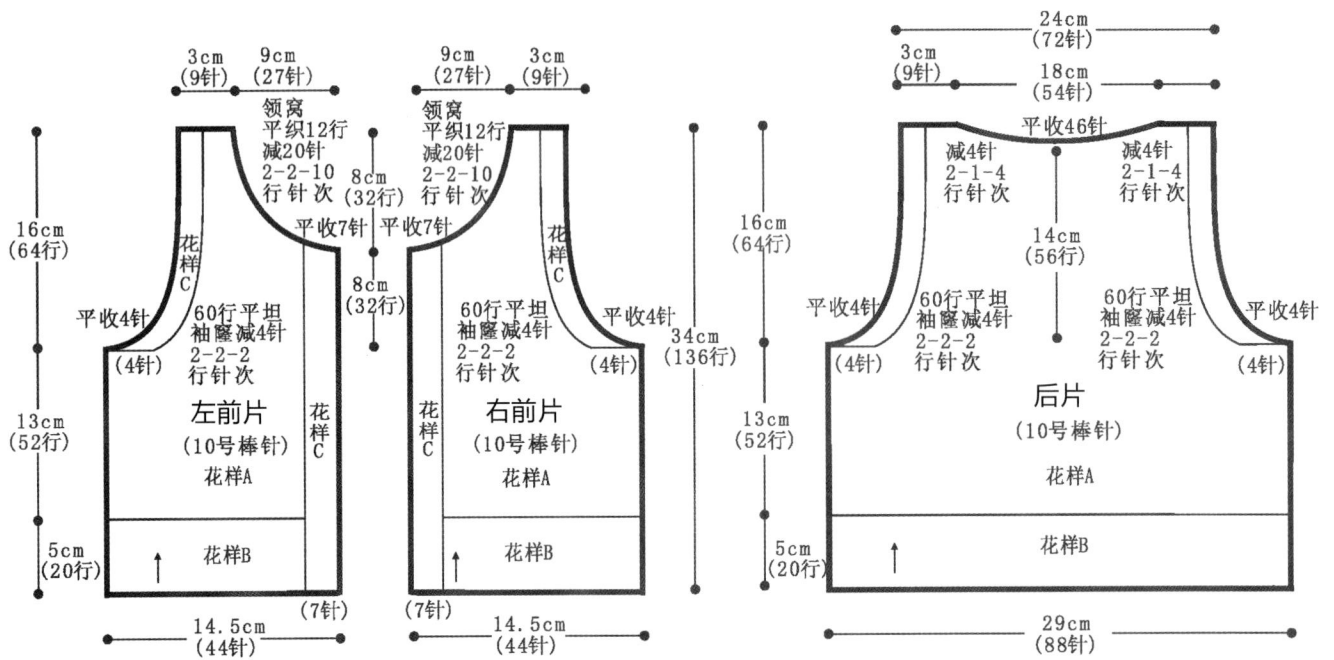

左前片
3cm（9针） 9cm（27针）
领窝
平织12行
减20针
2-2-10
行针次
8cm（32行）
平收7针
16cm（64行）
花样C
平收4针
（4针）
60行平坦
袖窿减4针
2-2-2
行针次
13cm（52行）
左前片
（10号棒针）
花样A
花样C
5cm（20行）
花样B
14.5cm（44针）
（7针）

右前片
9cm（27针） 3cm（9针）
领窝
平织12行
减20针
2-2-10
行针次
8cm（32行）
平收7针
花样C
60行平坦
袖窿减4针
2-2-2
行针次
平收4针
（4针）
花样C
右前片
（10号棒针）
花样A
花样B
（7针）
14.5cm（44针）

34cm（136行）

后片
24cm（72针）
3cm（9针） 18cm（54针）
平收46针
减4针
2-1-4
行针次
减4针
2-1-4
行针次
16cm（64行）
14cm（56行）
平收4针
60行平坦
袖窿减4针
2-2-2
行针次
60行平坦
袖窿减4针
2-2-2
行针次
平收4针
（4针）
（4针）
后片
（10号棒针）
花样A
13cm（52行）
5cm（20行）
花样B
29cm（88针）

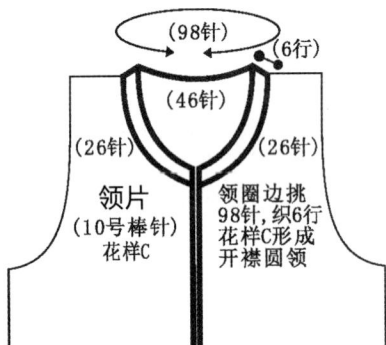

领片
（98针）（6行）
（46针）
（26针）（26针）
领片
（10号棒针）
花样C
领圈边挑
98针，织6行
花样C形成
开襟圆领

花样A

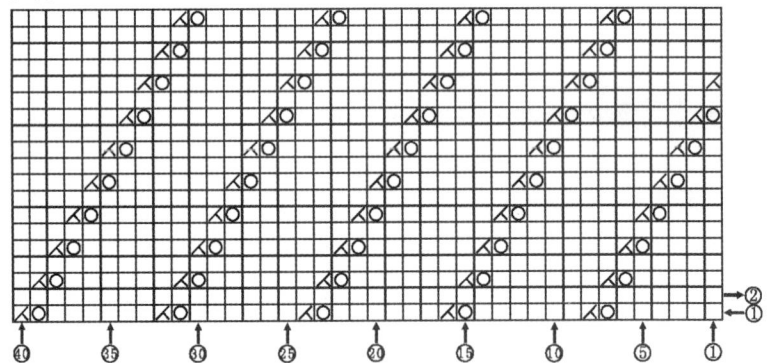

花样B

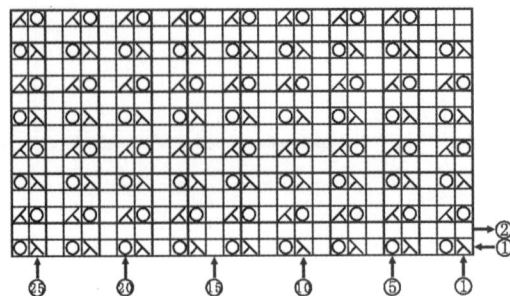

花样C

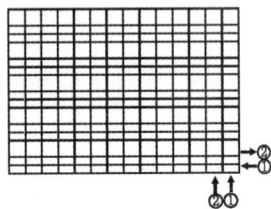

可爱狗马甲

【成品尺寸】衣长 33cm　下摆 30cm
【工　　具】10 号棒针 4 支　缝衣针 1 支
【材　　料】绿色羊毛绒线 200g　白色线少许
【密　　度】10cm² : 24 针 × 36 行
【附　　件】纽扣 3 枚

【制作过程】

1. 前片：分右前片和左前片编织。（1）右前片：用机器边起针法起 36 针，先织 5cm 双罗纹后，改织全下针，并编入前片图案，侧缝不用加减针，织至 15cm 至袖窿，袖窿下织 14 行花样。

（2）袖窿以上的编织：右侧袖窿减针，方法是：每织 2 行减 2 针减 5 次，共减 10 针，不加不减平织 36 行至袖窿。

（3）同时进行领窝减针，方法是：每 2 行减 1 针减 14 次，不加不减织 18 行至肩部余 12 针。

（4）用相同的方法、相反的方向编织左前片。

2. 后片：（1）用机器边起针法起 72 针，先织 5cm 双罗纹后，改织全下针，并编入花样图案，侧缝不用加减针，织 15cm 至袖窿，袖窿下织 14 行花样。

（2）袖窿以上编织：袖窿开始减针，方法与前片袖窿一样。

（3）同时织至从袖窿算起 12cm 时，开后领窝，中间平收 24 针，两边各减 2 针，方法是：每 2 行减 1 针减 2 次，织至两边肩部余 12 针。

3. 缝合：将前片的侧缝与后片的侧缝对应缝合，前后片的肩部对应缝合。

4. 两边门襟至领圈边挑 246 针，织 8 行单罗纹，左边门襟均匀地开纽扣孔。

5. 两边袖口挑 126 针，编织 8 行单罗纹。

6 用缝衣针缝上纽扣。毛衣编织完成。

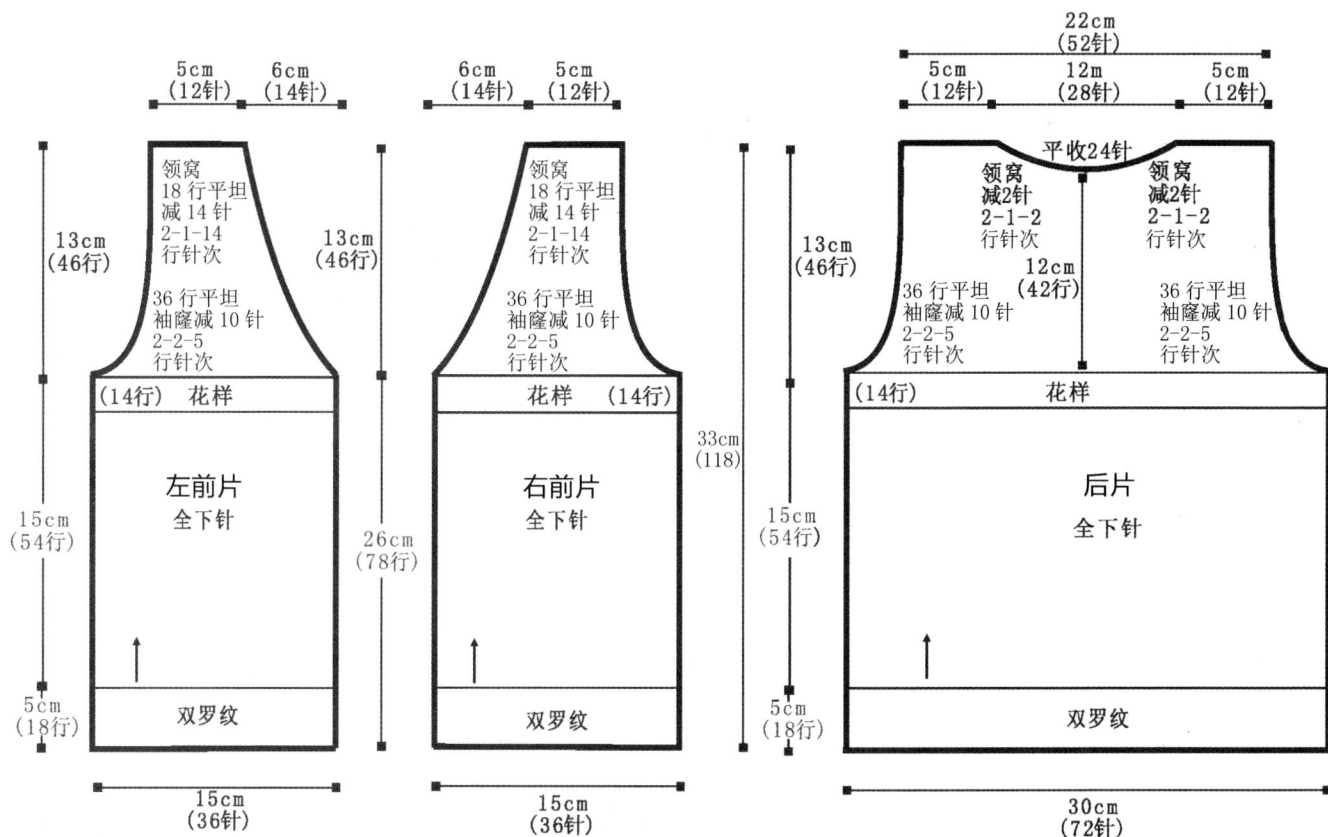

左前片

5cm（12针）　6cm（14针）

领窝
18 行平坦
减 14 针
2-1-14
行针次

36 行平坦
袖窿减 10 针
2-2-5
行针次

（14行）　花样

左前片
全下针

双罗纹

13cm（46行）

15cm（54行）

5cm（18行）

15cm（36针）

右前片

6cm（14针）　5cm（12针）

领窝
18 行平坦
减 14 针
2-1-14
行针次

36 行平坦
袖窿减 10 针
2-2-5
行针次

花样　（14行）

右前片
全下针

双罗纹

13cm（46行）

26cm（78行）

33cm（118）

15cm（36针）

后片

22cm（52针）

5cm（12针）　12m（28针）　5cm（12针）

平收24针

领窝减2针
2-1-2
行针次

领窝减2针
2-1-2
行针次

12cm（42行）

36 行平坦
袖窿减 10 针
2-2-5
行针次

36 行平坦
袖窿减 10 针
2-2-5
行针次

（14行）　花样

后片
全下针

双罗纹

13cm（46行）

15cm（54行）

5cm（18行）

30cm（72针）

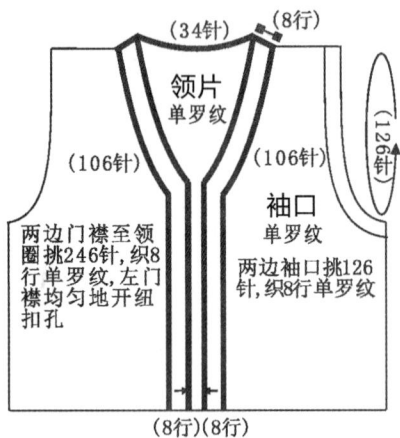

（34针） （8行）

领片
单罗纹

（106针） （106针）

袖口
单罗纹

两边门襟至领
圈挑246针，织8
行单罗纹，左门
襟均匀地开纽
扣孔

两边袖口挑126
针，织8行单罗纹

（8行）（8行）

花样图案

双罗纹

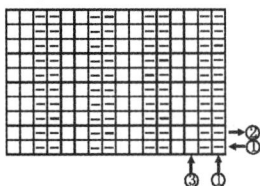

全下针

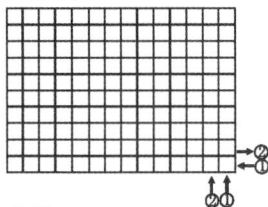

单罗纹

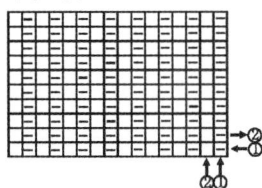

花样

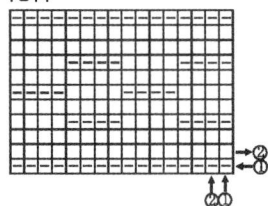

粉色公主毛衣

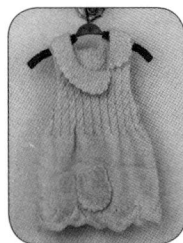

【成品尺寸】衣长47cm　胸围80cm

【工　　具】10号棒针、缝衣针、钩针各1支

【材　　料】粉红色羊毛绒线550g

【密　　度】10cm² ：20针 ×26行

【制作过程】

1.前片：按图平针起针法起80针，织6cm花样B后，改织全下针，侧缝不用加减针，织至19cm时，改织花样A，再织4cm开始编织袖窿以上部分，左右两边平收5针后，进行两边袖窿减针，方法是：每2行减1针减5次，平织36行。同时进行领窝减针，从袖窿算起12cm时，在中间平收20针，两边领窝减针。方法是：每2行减1针减8次，肩部余12针。

2.后片：袖窿和袖窿以下部分织法与前片一样。领窝减针，从袖窿算起织至16cm时，在中间平收30针，两边领窝减针，方法是：每2行减1针减3次，至肩部余12针。

3.编织结束后，将前后片侧缝、肩部缝合。

4.领圈从左边开始织，在织到42cm后，织8cm花样C，形成编右翻领，并用钩针钩织花边。

5.衣袋编织：起24针，织11cm花样后，改织3cm双罗纹，用钩针钩织花边后，与前片缝合。毛衣编织完成。

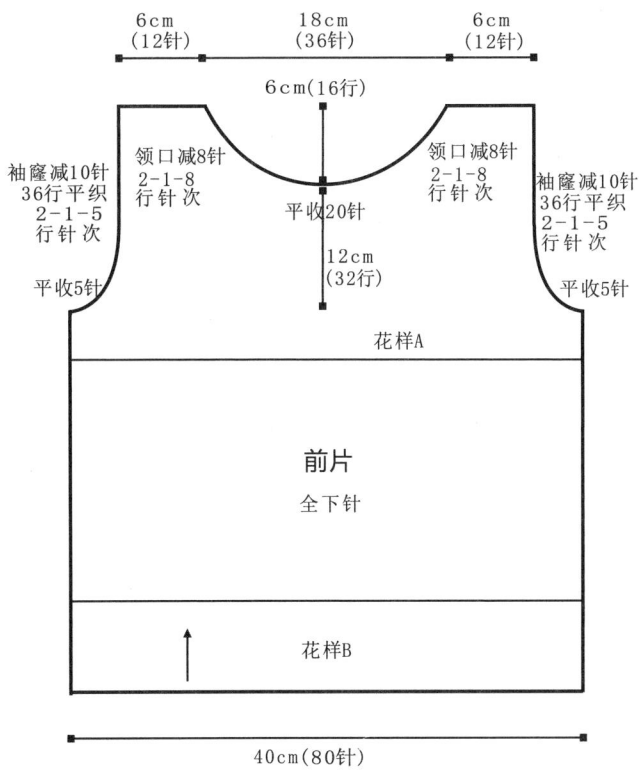

6cm（12针）　18cm（36针）　6cm（12针）

6cm（16行）

领口减8针
2-1-8
行针次

领口减8针
2-1-8
行针次

平收20针

12cm（32行）

袖窿减10针
36行平织
2-1-5
行针次

平收5针

袖窿减10针
36行平织
2-1-5
行针次

平收5针

花样A

前片

全下针

花样B

40cm（80针）

18cm（48行）

4cm（10行）

19cm（50行）

6cm（16行）

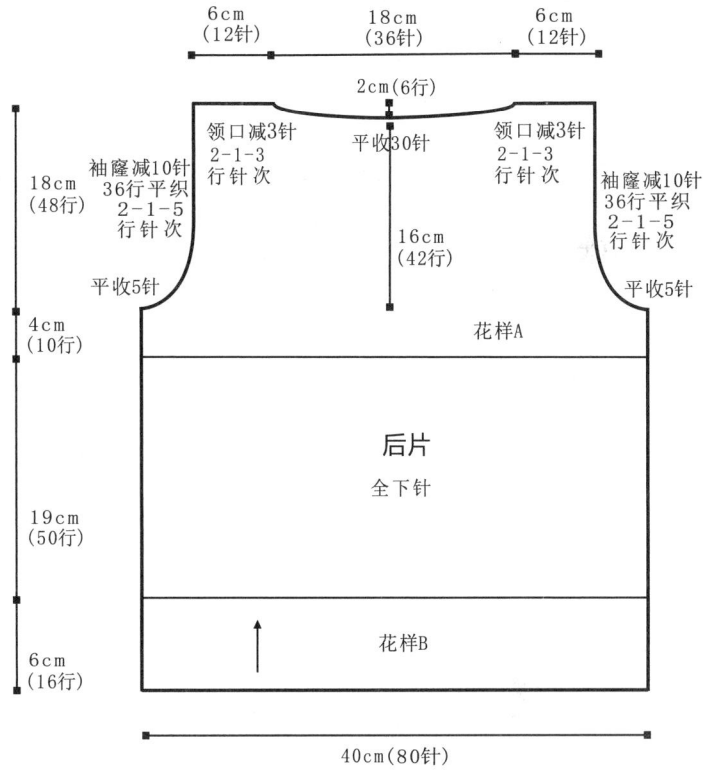

6cm（12针）　18cm（36针）　6cm（12针）

2cm（6行）

领口减3针
2-1-3
行针次

平收30针

领口减3针
2-1-3
行针次

袖窿减10针
36行平织
2-1-5
行针次

平收5针

袖窿减10针
36行平织
2-1-5
行针次

平收5针

16cm（42行）

花样A

后片

全下针

花样B

40cm（80针）

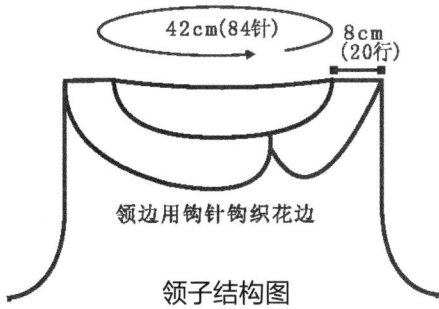

42cm（84针）

8cm（20行）

领边用钩针钩织花边

领子结构图

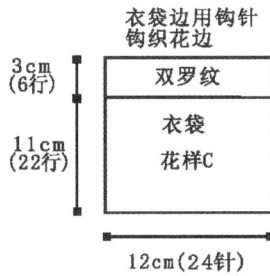

3cm（6行）

11cm（22行）

衣袋边用钩针
钩织花边

双罗纹

衣袋
花样C

12cm（24针）

花样 B

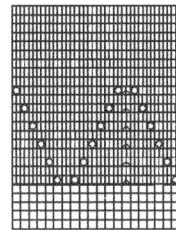

全下针

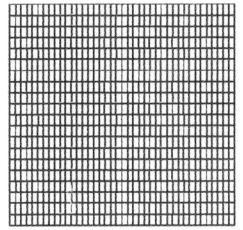

8cm（20行）

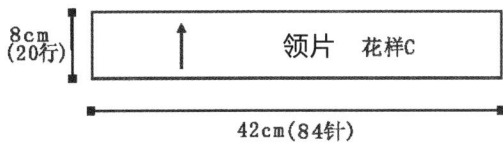

领片　花样C

42cm（84针）

花样 A

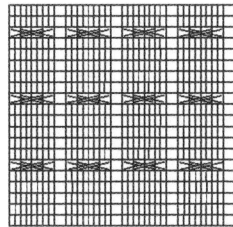

双罗纹

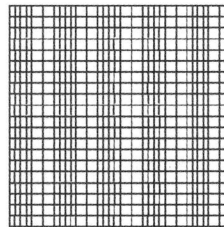

花样 C

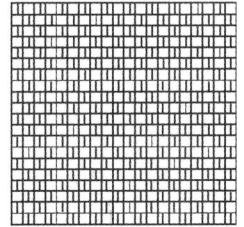

花边

087

褶皱花纹连衣裙

【成品尺寸】衣长 45cm　胸围 46cm　肩宽 25cm　袖长 16cm
【工　　具】12 号棒针 4 支　钩针 1 支
【材　　料】绿色棉线 400g　白色棉线 30g
【密　　度】10cm² : 33 针 × 40 行

【制作过程】

1. 后片：起 170 针，下针与上针间隔编织，织至 27cm，按图示袖窿减针，两侧各平收 4 针，然后按每 2 行减 1 针减 12 次的方法减针，织至 33cm，将织片中间 138 针减针成 75 针，两侧不减针，改织搓板针，织至 44cm，收后领，中间平收 31 针，两侧减针每 2 行减 1 针减 2 次，后片共织 45cm 长。

2. 前片：起 170 针，下针与上针间隔编织，织至 27cm，按图示袖窿减针，两侧各平收 4 针，然后按每 2 行减 1 针减 12 次的方法减针，织至 33cm，将织片中间 138 针减针成 75 针，两侧不减针，改织搓板针，织至 37cm，收前领，中间平收 9 针，两侧减针每 2 行减 2 针减 2 次，每 2 行减 1 针减 9 次，后片共织 45cm 长。

3. 袖子：起 76 针织全下针，织 4cm 后，两侧各平收 4 针，然后按每 2 行减 1 针减 24 次的方法减针织成袖山，袖片共织 16cm。

4. 领片：白色线领圈钩织花样 A，往返钩织，织 5cm 长。

5. 袖边：白色线领圈钩织花样 B，圈织 1cm 长。

6. 衣摆边：绿色线领圈钩织花样 B，圈织 1cm 长。

7. 饰花：白色线钩织 1 个花样 C，2 个花样 D，缝合于前片胸前。按图示方法前后胸部位置钉珠。毛衣编织完成。

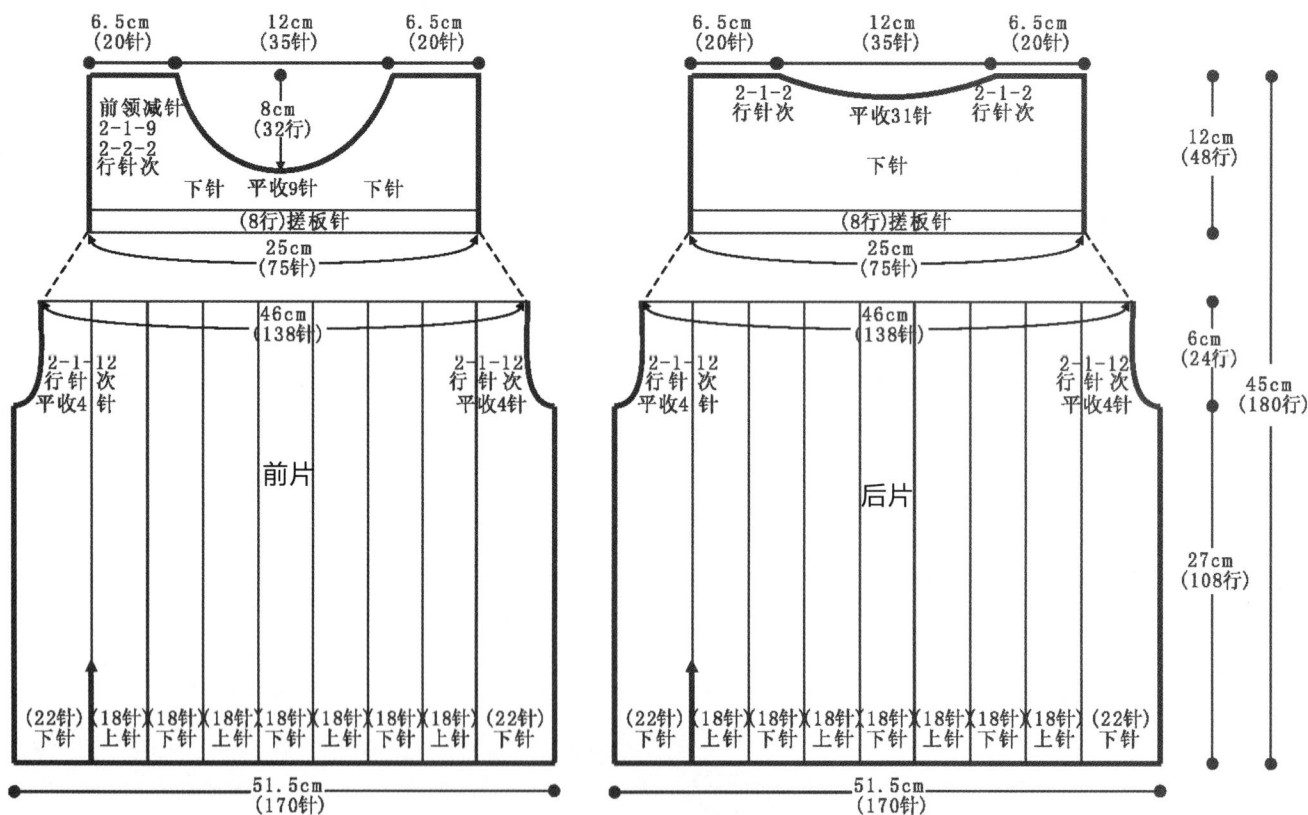

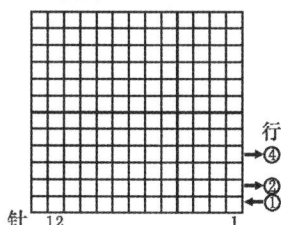

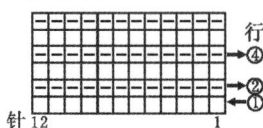

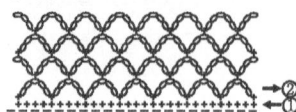

花样 A

花样 B

6.5cm（20针）

袖山减针
2-1-24
行针次

平收4针　　　平收4针

袖片
全下针

12cm（48行）

16cm（64行）

4cm（16行）

25cm（76针）

领片
（白色）花样A

（白色）花样C　（白色）花样D

袖边
（白色）花样B

钉珠

袖边
（白色）花样B

衣摆边
（绿色）花样B

花样C

花样D

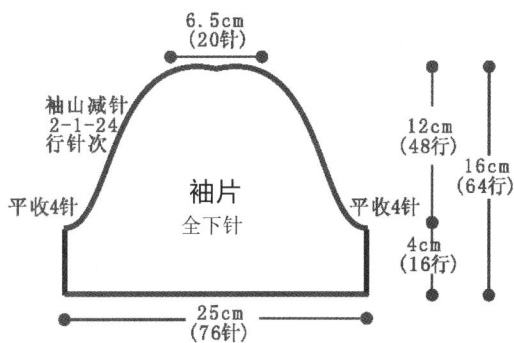

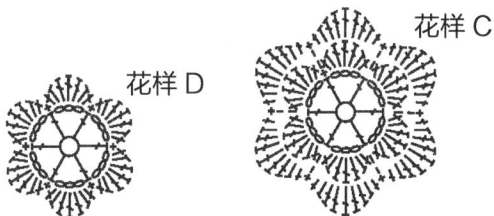

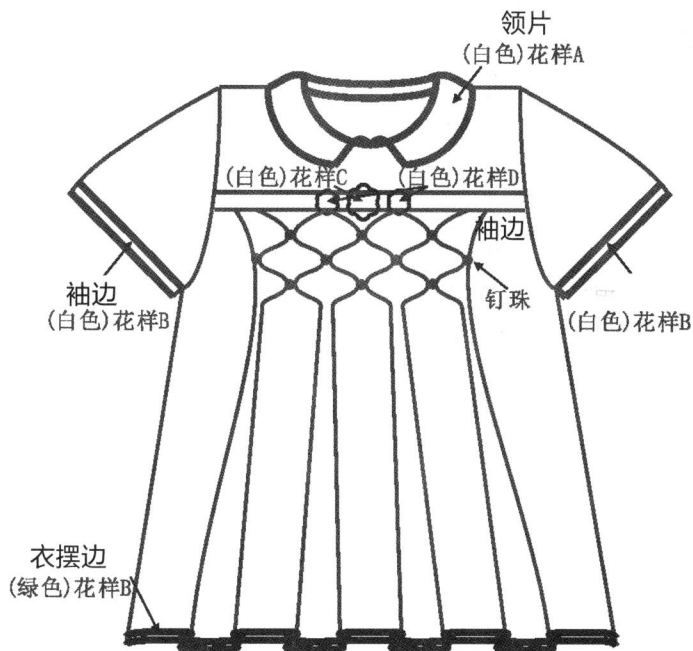

Hello kitty 连衣裙

【成品尺寸】衣长 54cm　胸围 64cm

【工　　具】3.5mm 棒针

【材　　料】灰色羊毛绒线 500g　粉红色线少许

【密　　度】10cm² ：30 针 ×40 行

【附　　件】毛布动物图案 1 个

【制作过程】

1. 毛衣用棒针编织，由一片前片、一片后片、两片袖片组成，从下往上编织。

2. 前片：分上中下片编织，下片：用粉红色线，下针起针法起100 针，编织 6cm 全下针后，对折缝合，形成双层平针底边，改用灰色线织全下针，侧缝减针，方法是：每 16 行减 1 针减6 次，织 28cm 收针断线。中片：用粉红色线编织，按编织方向起 12 针，织 37cm 花样 A。上片：起 88 针，织 3cm 全下针后，进行袖窿以上的编织。两边袖窿减针，方法是：平收 5 针后，每 2 行减 1 针减 5 次，各减 5 针，余下针数不加不减织40 行至肩部。同时从袖窿算起至 9cm 时，开始开领窝，中间平收 16 针，然后两边减针，方法是：每 2 行减 1 针减 8 次，各减 8 针，不加不减织 4 行至肩部余 18 针。上中下片按次序缝合。

3. 后片：分上中片编织，下片和中片与前片编织方法的一样。

上片：起 88 针，织 3cm 全下针后，进行袖窿以上的编织，两边袖窿减针，方法与前片袖窿一样，同时织至袖窿算起 13cm时，开后领窝，中间平收 28 针，两边减针，方法是：每 2 行减 1 针减 2 次，织至两边肩部余 18 针。上中下片按次序缝合。

4. 袖片：用粉红色线，下针起针法，起 48 针，织 6cm 全下针后，对折缝合，形成双层平针底边，改用灰色线织全下针，并配色。袖下加针，方法是：每 8 行减 1 针减 11 次，织至 26cm时开始袖山减针，两边平收 5 针后减针，方法是：每 2 行减 2针减 4 次，每 2 行减 1 针减 12 次，至顶部余 20 针。

5. 缝合：将前片的侧缝与后片的侧缝对应缝合。前片的肩部与后片的肩部缝合，两边袖片的袖下缝合后，分别与衣片的袖边缝合。

6. 领片：领圈边挑 98 针，圈织 3cm 花样 B，形成圆领。

7. 缝上毛布动物图案。毛衣编织完成。

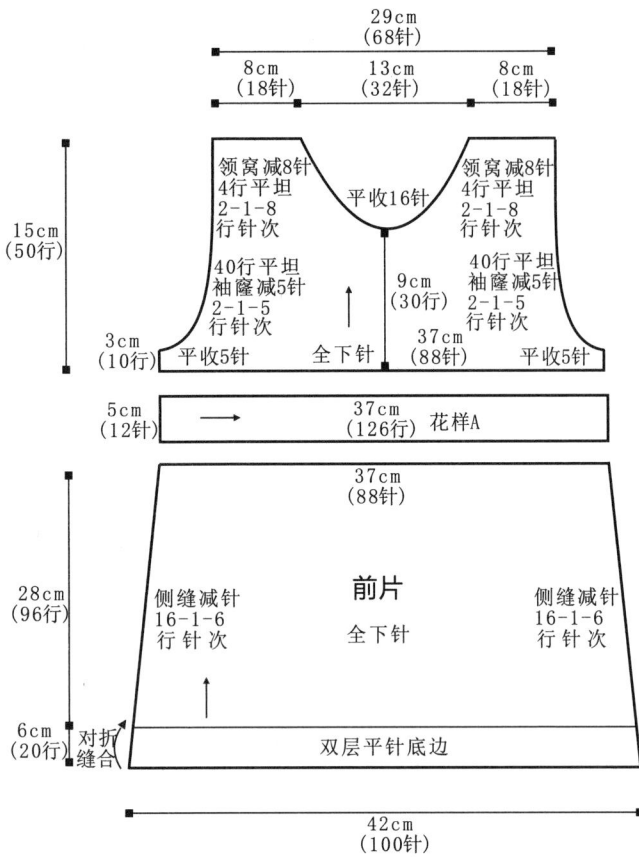
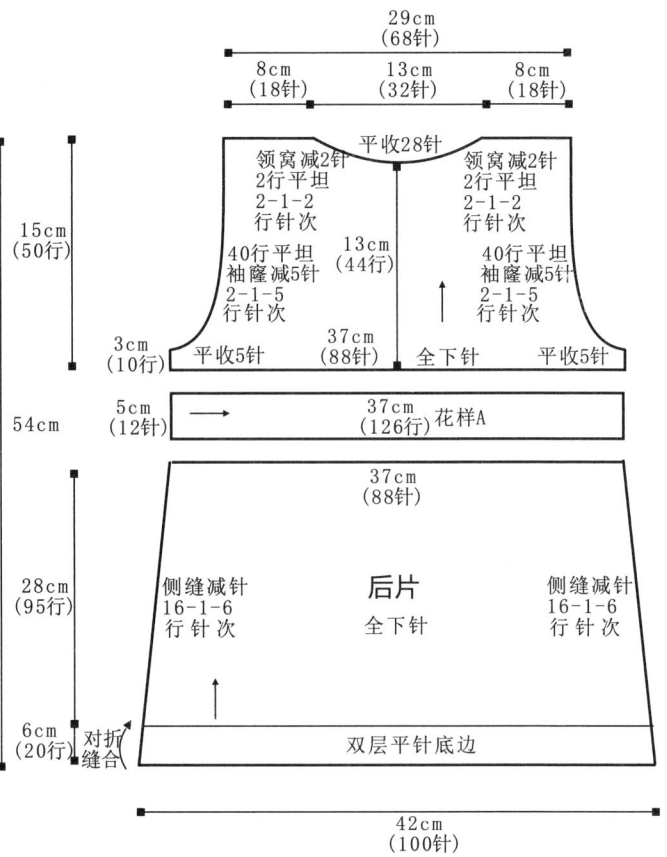

前片 (Front piece)

29cm（68针）
8cm（18针） 13cm（32针） 8cm（18针）

领窝减8针
4行平坦
2-1-8
行针次
平收16针
领窝减8针
4行平坦
2-1-8
行针次

15cm（50行）

40行平坦
袖窿减5针
2-1-5
行针次
9cm（30行）
40行平坦
袖窿减5针
2-1-5
行针次

3cm（10行）
平收5针
全下针
37cm（88针）
平收5针

5cm（12针）
37cm（126行）花样A

37cm（88针）

侧缝减针
16-1-6
行针次
前片
全下针
侧缝减针
16-1-6
行针次

28cm（96行）

6cm（20行）对折缝合
双层平针底边

42cm（100针）

后片 (Back piece)

29cm（68针）
8cm（18针） 13cm（32针） 8cm（18针）

平收28针
领窝减2针
2行平坦
2-1-2
行针次
领窝减2针
2行平坦
2-1-2
行针次

15cm（50行）

40行平坦
袖窿减5针
2-1-5
行针次
13cm（44行）
40行平坦
袖窿减5针
2-1-5
行针次

3cm（10行）
平收5针
37cm（88针）
全下针
平收5针

54cm

5cm（12针）
37cm（126行）花样A

37cm（88针）

侧缝减针
16-1-6
行针次
后片
全下针
侧缝减针
16-1-6
行针次

28cm（95行）

6cm（20行）对折缝合
双层平针底边

42cm（100针）

花样A

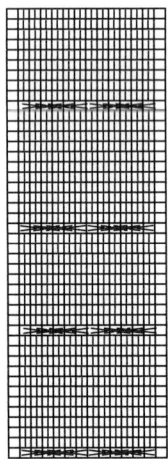

袖片 (Sleeve)

8cm（20针）

减20针
2-2-4
2-1-12
行针次
减20针
2-2-4
2-1-12
行针次
10cm（34行）

平收5针 平收5针
29cm（70针）

袖片
全下针

39cm（132行）

袖侧缝
加11针
8-1-11
行针次
加11针
8-1-11
行针次
袖侧缝

26cm（88行）

对折缝合
双层平针底边
6cm（20行）

20cm（48针）

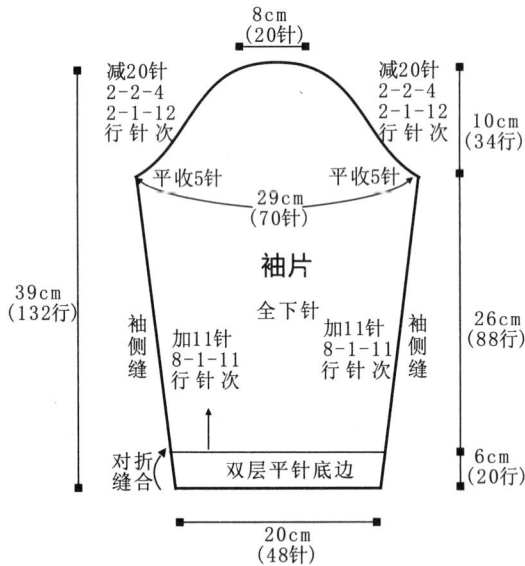

领片 (Collar)

（98针）
（32针）
3cm（10行）

领片
（66针）

领圈挑98针
织3cm花样B

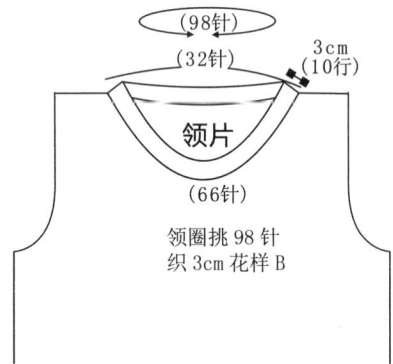

双层平针底边
对折缝合

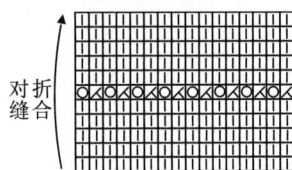

花样B

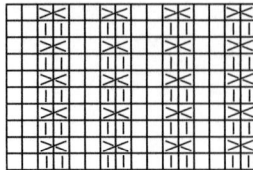

全下针

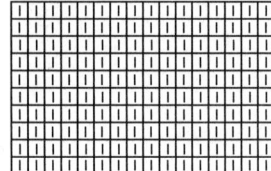

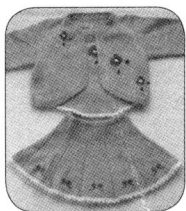

优雅淑女套装

【成品尺寸】外套长 42cm　小吊带长 26cm　裙子长 30cm　胸围 74cm　袖长 36cm
【工　　具】10 号棒针 4 支　绣花针、钩针各 1 支
【材　　料】绿色羊毛绒线 500g　白色线等少许
【密　　度】10cm² : 20 针 × 28 行

【制作过程】

1. 外套前片：分左右两片，左片用绿色线，按图起 17 针，织全下针，衣角按图加针，织至 27cm 时左右两边开始按图收成袖窿，再织 9cm 开领窝织至完成，用同样方法对应织右片。

2. 外套后片：用绿色线，按图起 74 针，织 5cm 单罗纹后，改织全下针，织至 22cm 时左右两边开始按图收成袖窿，再织 13cm 开领窝至完成。

3. 袖片：用绿色线，按图起 44 针，织 5cm 单罗纹后，改织全下针，袖下按图加针，织至 22cm 时按图示均匀减针，收成袖山。

4. 小吊带：用绿色线起 26 针，织全下针，两边按图加针，织至 8cm 时按图减针，织至 15cm 时织双层边，摺边缝合，用于穿带子。

5. 裙子：从裙腰织起，起 112 针圈织双层边，用于入宽紧带，然后织 4cm 单罗纹后改织花样，织花样时均匀加针至 209 针。

6. 编织结束后，将外套的前后片侧缝、肩部、袖片缝合、小吊带侧缝缝合、门襟至领圈用绿色线挑适合针数，织 4cm 单罗纹。

7. 领圈用白色线挑 92 针，织 4cm 单罗纹，形成开襟圆领。

8. 装饰：小吊带下摆边和裙子边用钩针改织花边。用绣花针，用十字绣的绣法，绣上图案。毛衣编织完成。

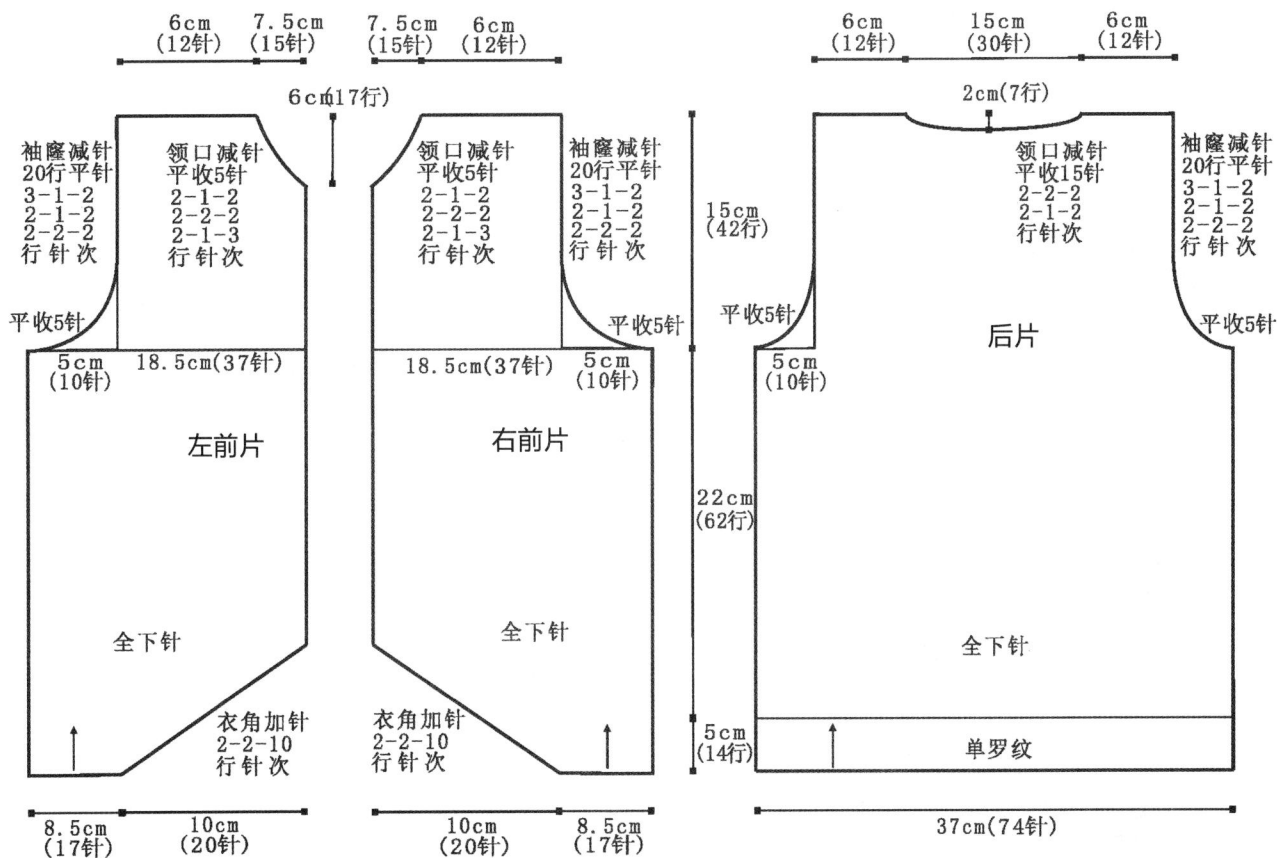

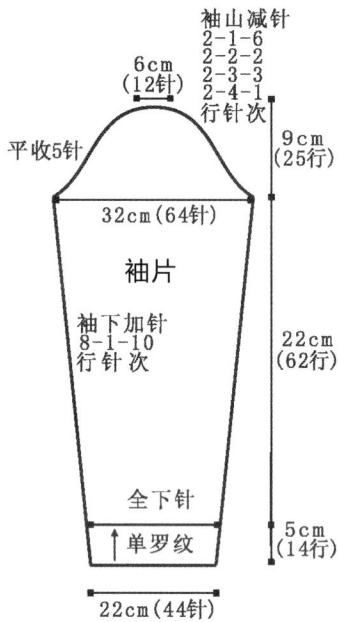

袖山减针
2-1-6
2-2-2
2-3-3
2-4-1
行针次

6cm
(12针)

平收5针

32cm(64针)

9cm
(25行)

袖片

袖下加针
8-1-10
行针次

22cm
(62行)

全下针

↑ 单罗纹

5cm
(14行)

22cm(44针)

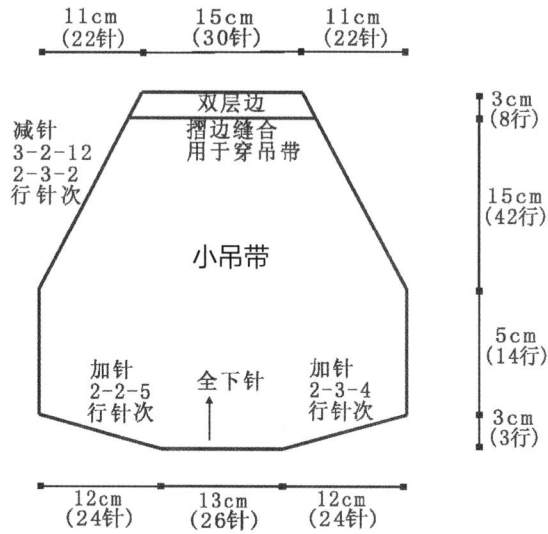

11cm
(22针) 15cm
(30针) 11cm
(22针)

双层边

摺边缝合
用于穿吊带

减针
3-2-12
2-3-2
行针次

小吊带

3cm
(8行)

15cm
(42行)

加针
2-2-5
行针次 全下针
↑ 加针
2-3-4
行针次

5cm
(14行)

3cm
(3行)

12cm
(24针) 13cm
(26针) 12cm
(24针)

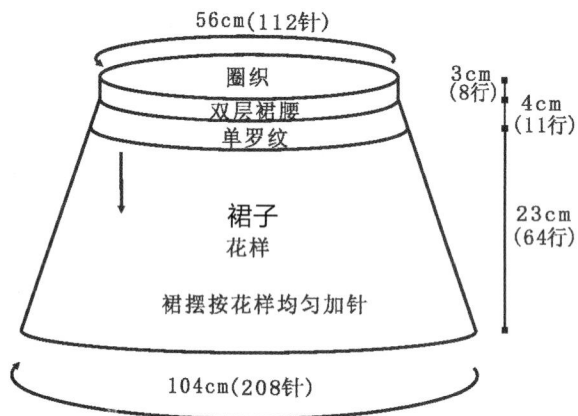

56cm(112针)

圈织

双层裙腰

单罗纹

裙子

花样

裙摆按花样均匀加针

3cm
(8行)

4cm
(11行)

23cm
(64行)

104cm(208针)

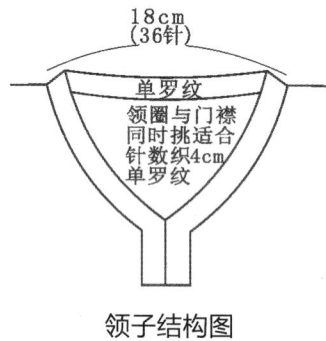

18cm
(36针)

单罗纹

领圈与门襟
同时挑适合
针数织4cm
单罗纹

领子结构图

图案

全下针
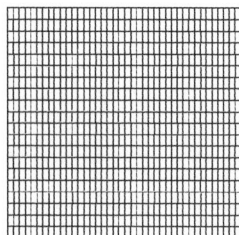

单罗纹
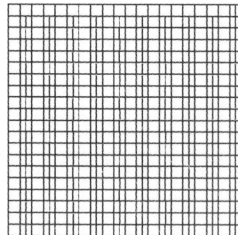

花样
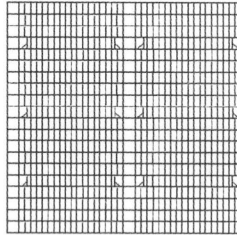

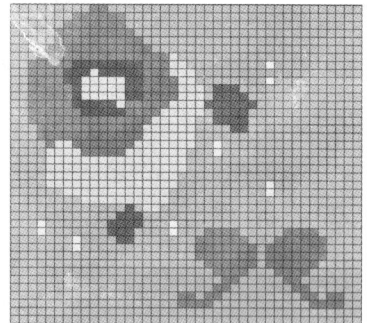

典雅秀气连衣裙

【成品尺寸】衣长 43cm　胸围 84cm
【工　　具】10 号棒针
【材　　料】玫红色羊毛绒线 500g
【密　　度】10cm² : 28 针 ×40 行

【制作过程】

1. 领口环形片：用下针起针法起 122 针，片织 8 行花样 E，并开始分前后片和两边袖片，每分片的中间留 2 针径，按花样 D 加针，前片两边各留 6 针，继续编织花样 E 门襟，其余织全下针，织 2.5cm 后，两门襟重叠，然后开始圈织，织完 13cm 时织片的针数为 308 针，环形片完成。

2. 开始分出前后片和两片袖片。前片：分出 86 针，先织 4cm 花样 A，然后分散加 32 针，共 118 针继续织花样 B，侧缝不用加减针，织至 24cm 时改织 2cm 花样 C，收针断线。后片：

分出 86 针，织法与前片一样。

3. 袖片：左袖片分出 68 针，织全下针，袖下减针，方法是：每 8 行减 1 针减 6 次，织至 13cm 时，改织 2cm 花样 E，袖口余 56 针，收针断线。用同样方法编织右袖片。

4. 缝合：将前片的侧缝和后片的侧缝缝合。两袖片的袖下分别缝合。

5. 缝上纽扣。毛衣编织完成。

花样 B

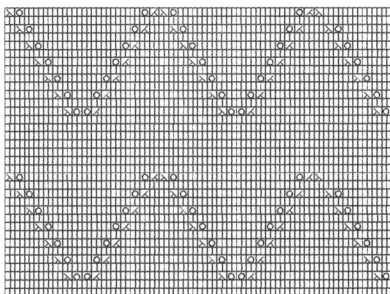

花样 A

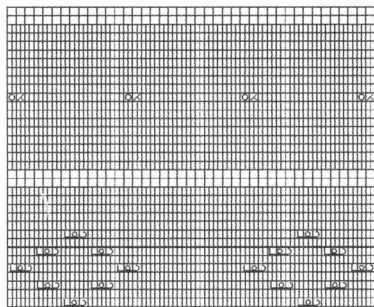

花样 E

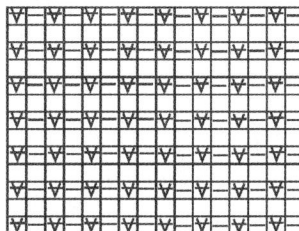

花样 D

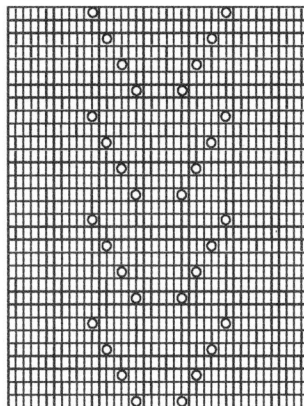

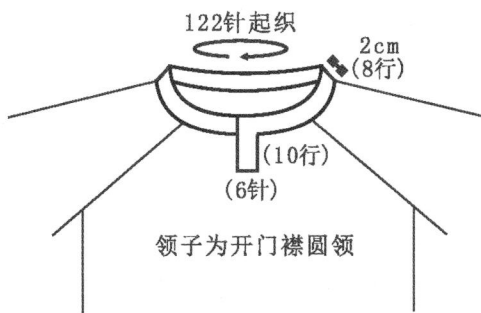

122针起织
2cm（8行）
（10行）
（6针）
领子为开门襟圆领

全下针

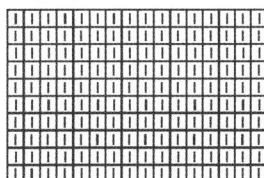

花样 C

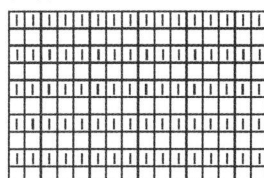

花样C

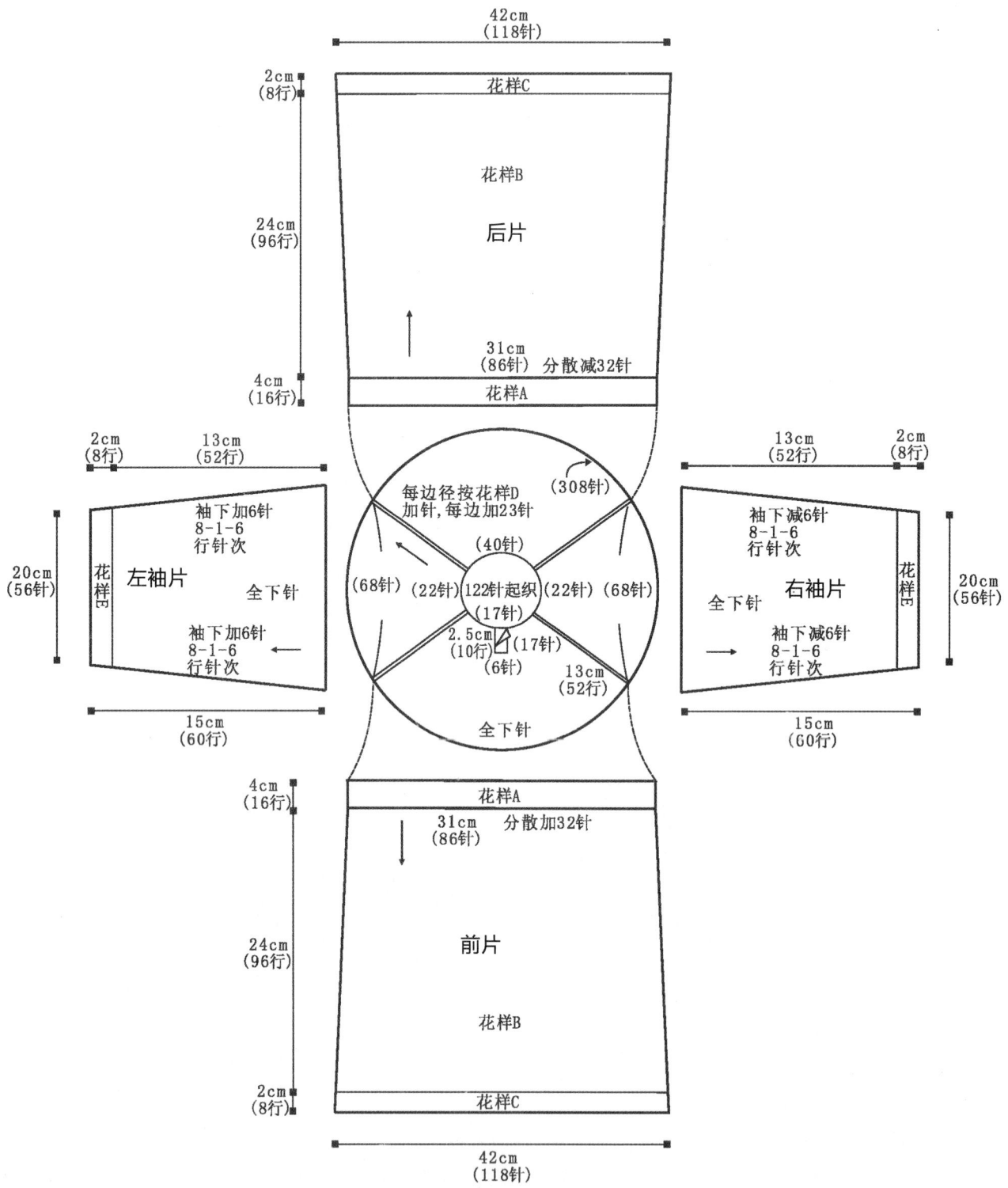

42cm
(118针)

2cm
(8行)

花样C

花样B

后片

24cm
(96行)

31cm
(86针) 分散减32针

4cm
(16行)

花样A

2cm
(8行)

13cm
(52行)

(308针)

袖下加6针
8-1-6
行针次

每边径按花样D
加针,每边加23针

(40针)

20cm
(56行)

花样E

左袖片

全下针

(68针) (22针)

122针起织
(17针)

(22针) (68针)

20cm
(56行)

花样E

右袖片

全下针

袖下减6针
8-1-6
行针次

袖下加6针
8-1-6
行针次

2.5cm
(10行)

(17针)

(6针)

13cm
(52行)

袖下减6针
8-1-6
行针次

15cm
(60行)

全下针

15cm
(60行)

4cm
(16行)

花样A

31cm
(86针)

分散加32针

24cm
(96行)

前片

花样B

2cm
(8行)

花样C

42cm
(118针)

气质女孩短袖外套

【成品尺寸】衣长 42cm　胸围 74cm　袖长 20cm

【工　　具】10 号棒针 4 支　绣花针 1 支

【材　　料】紫色羊毛绒线 300g

【密　　度】10cm² : 20 针 ×28 行

【附　　件】纽扣 5 枚

【制作过程】

1. 从领圈往下编织，用一般起针法起 92 针，先织 3cm 单罗纹，作为领子，然后开始分前后片和袖片，之间留 3 针，并按花样 D 在 3 针旁边，每 2 行各加 1 针，织至 18cm 时，前片分左右两片编织，和后片一样，织 21cm 花样 B，门襟留 6 针作为织花样 C 的门襟，然后改织 3cm 花样 C 的下摆。袖口挑 67 针，织花样 B。

2. 侧缝缝合。

3. 装饰：用绣花针缝上纽扣。毛衣编织完成。

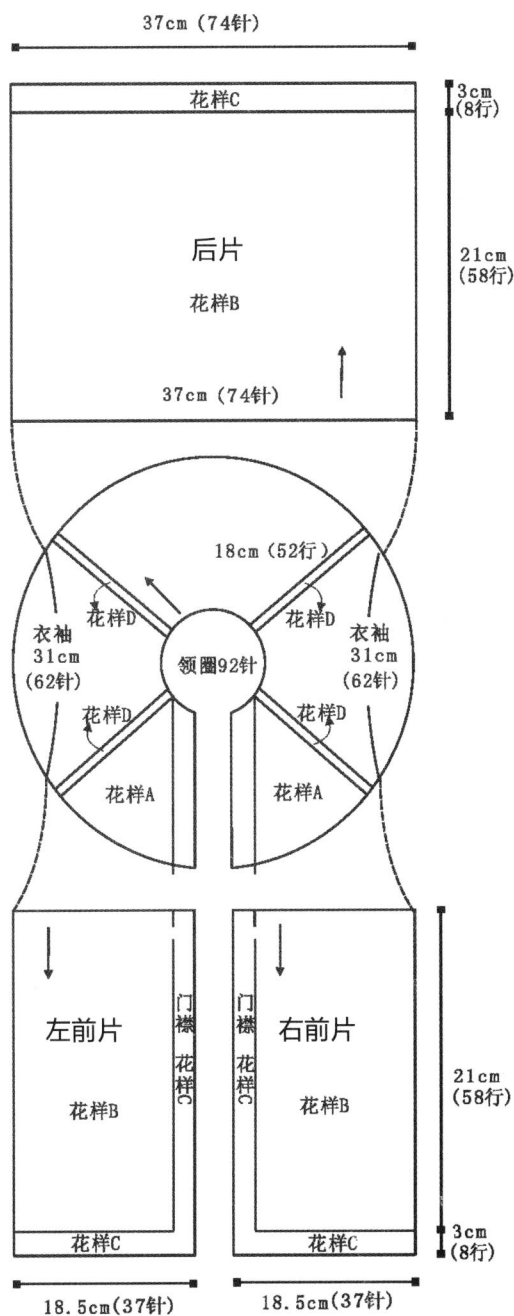

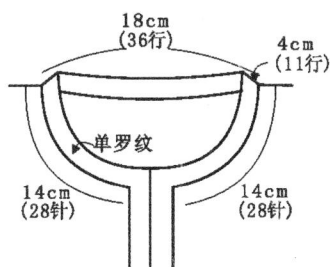

领子结构图

花样 C 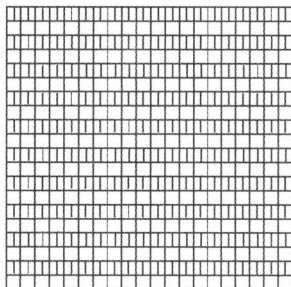 单罗纹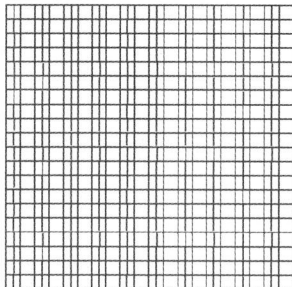

花样 D 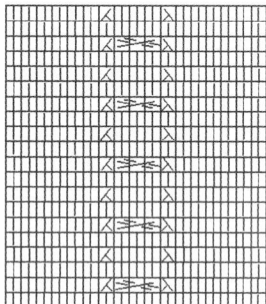 花样 B 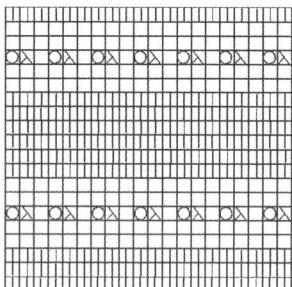 花样 A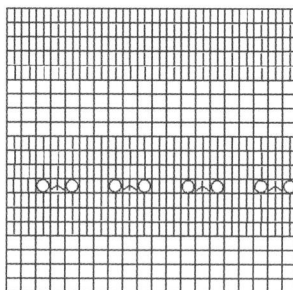

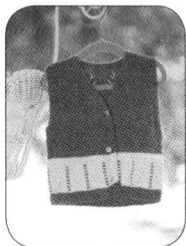

拼色帅气马甲

【成品尺寸】衣长 42cm　胸围 80cm

【工　　具】10 号棒针 4 支　绣花针 1 支

【材　　料】蓝色羊毛绒线 200g　白色羊毛绒线 80g

【密　　度】10cm² : 20 针 ×28 行

【附　　件】纽扣 3 枚

【制作过程】

1. 前片：分左右两片，左前片按图起 40 针，织 4cm 花样 B 后，改织花样 A，并按图解配色，门襟留 6 针织花样 B，织至 23cm 时左边开始按图收成袖窿，袖窿留 6 针织花样 B，只在内边减针，并同时开领窝，6 针花样 B 始终不变，只在内边减针，至织完成。用同样方法反方向编织右前片。

2. 后片：按图起 80 针，织 4cm 花样 B 后，改织花样 A，并按图配色，织至 23cm 时左右两边开始按图收成袖窿，袖窿留 6 针织花样 B，只在内边减针，领窝不用减针，至织完成。

3. 编织结束后，将前后片侧缝、肩部缝合。

4. 装饰：用绣花针缝上纽扣。毛衣编织完成。

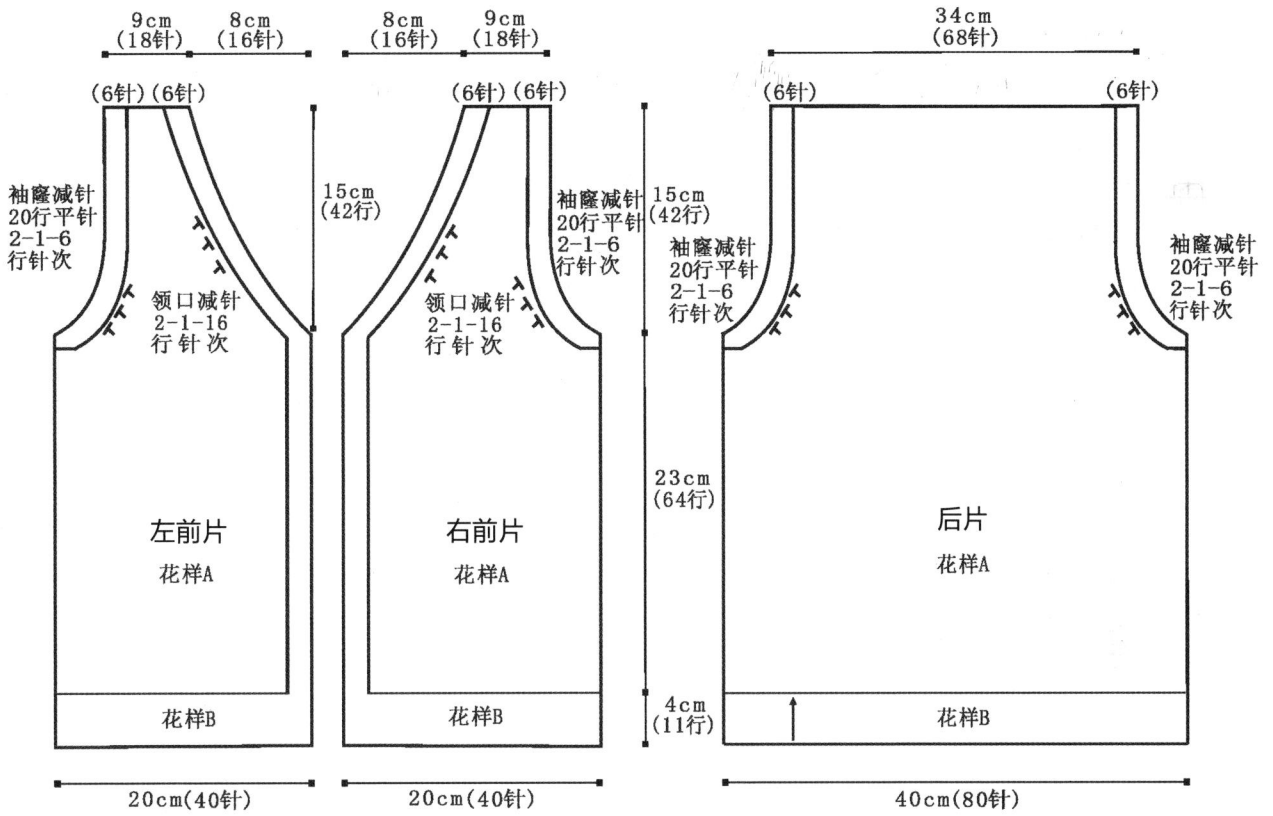

9cm（18针）　8cm（16针）　　8cm（16针）　9cm（18针）　　　　　34cm（68针）

（6针）（6针）　　　　　（6针）（6针）　　　　　　　（6针）　　　　　　（6针）

袖窿减针
20行平针
2-1-6
行针次

领口减针
2-1-16
行针次

15cm
（42行）

袖窿减针
20行平针
2-1-6
行针次

15cm
（42行）

袖窿减针
20行平针
2-1-6
行针次

袖窿减针
20行平针
2-1-6
行针次

23cm
（64行）

左前片
花样A

右前片
花样A

后片
花样A

花样B　　　花样B　　　4cm（11行）　　花样B

20cm（40针）　　20cm（40针）　　　40cm（80针）

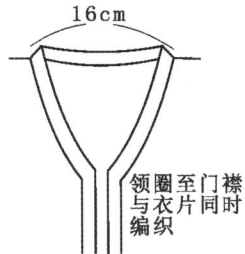

16cm

领圈至门襟
与衣片同时
编织

领子结构图

花样B
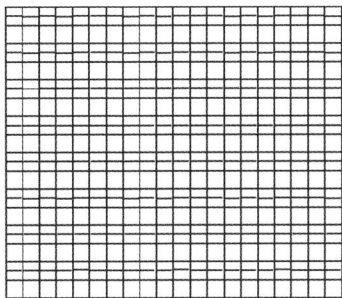

花样A
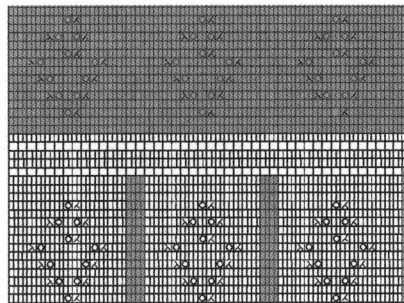

甜美镶珠娃娃裙

【成品尺寸】衣长 45cm　胸围 74cm
【工　　具】3.5mm 棒针 4 支　绣花针、钩针各 1 支
【材　　料】粉红色羊毛绒线 400g
【密　　度】10cm² ：20 针 ×28 行
【附　　件】亮珠若干

【制作过程】

1. 前片：用一般起针法起 74 针，织 22cm 花样 B 后，改织 8cm 双罗纹，再改织花样 A，同时左右两边按图减针，收成袖窿，再织 9cm 开领窝，至织完成。

2. 后片：织法与前片一样，只是需按图开领窝。

3. 编织结束后，将前后片侧缝、肩部缝合。

4. 下摆、领圈和袖口用钩针钩织花边。

5. 装饰：用绣花针缝上亮珠。毛衣编织完成。

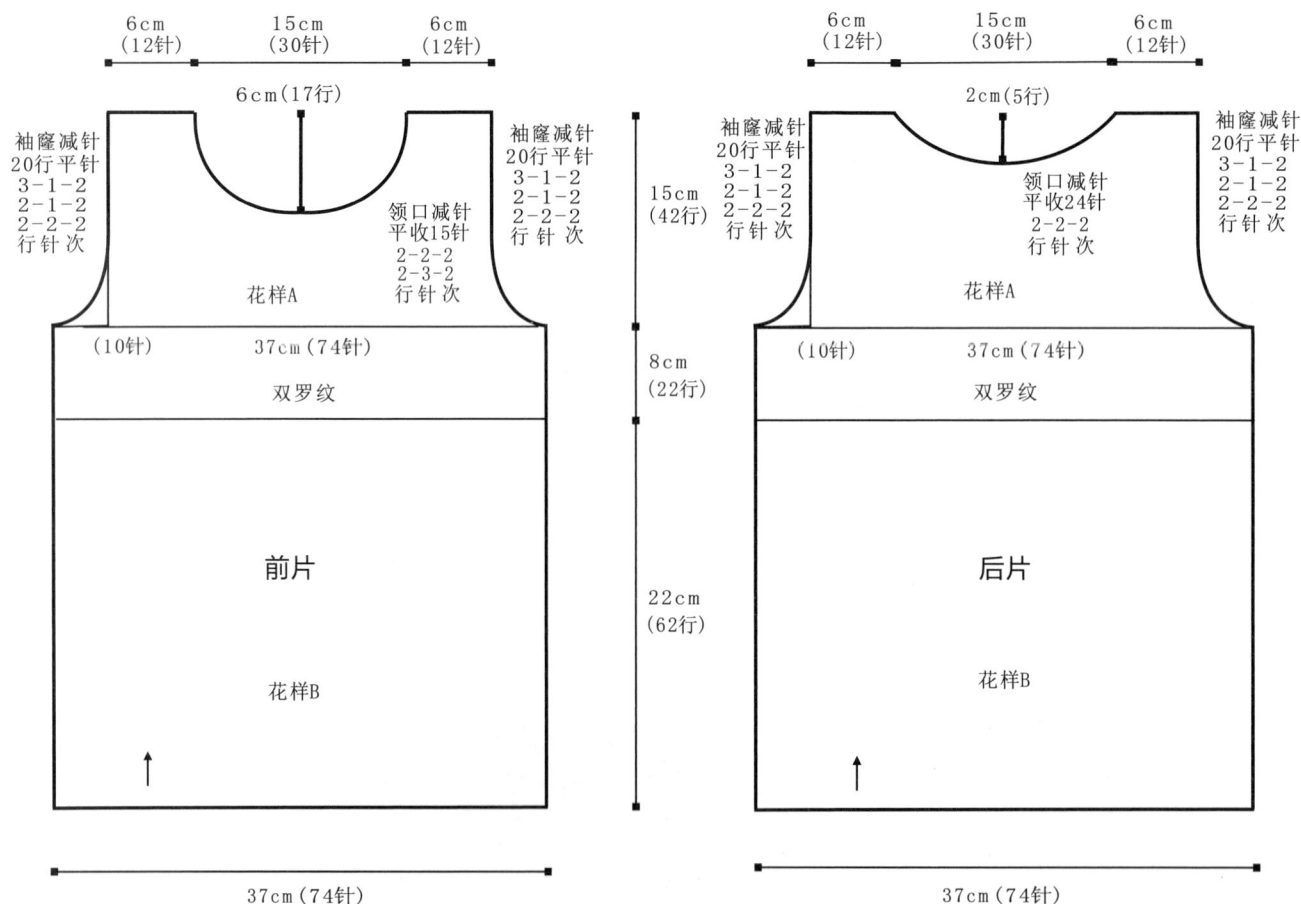

领边和袖口钩针花边

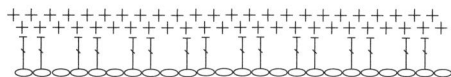

下摆钩针花边

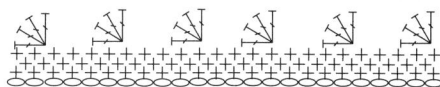

双罗纹

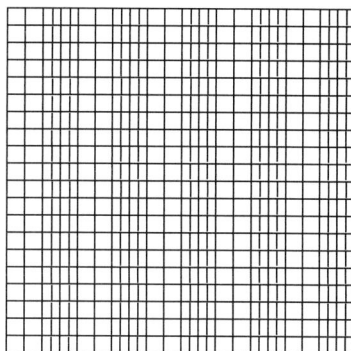

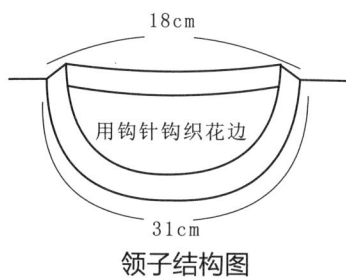

领子结构图

花样 B

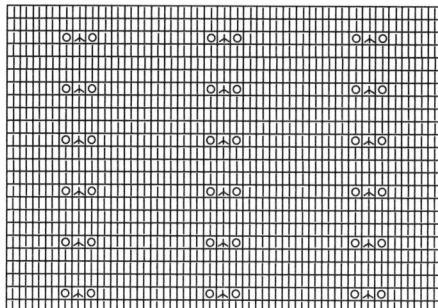

花样 A

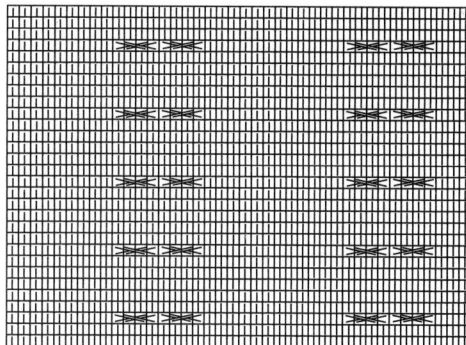

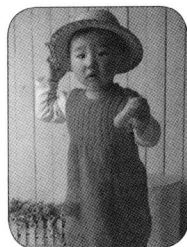

甜美背心裙

【成品尺寸】衣长 42cm 胸围 74cm
【工　　具】10 号棒针 4 支
【材　　料】玫红色羊毛绒线 500g
【密　　度】10cm² ：20 针 ×28 行
【附　　件】自编的装饰带子 1 根 毛毛球 1 个

【制作过程】

1.前片：按图用一般起针法起 94 针，织 8cm 花样 B 后，改织全下针，侧缝按图减针，织至适合长度后改织花样 A，19cm 时左右两边开始按图收成袖窿，再织 11cm 时开领窝至织完成。

2.后片：织法与前片一样，只是需按图开领窝。

3.编织结束后，将前后片侧缝、肩部缝合。

4.装饰：穿好自编的带子和毛毛球装饰。毛衣编织完成。

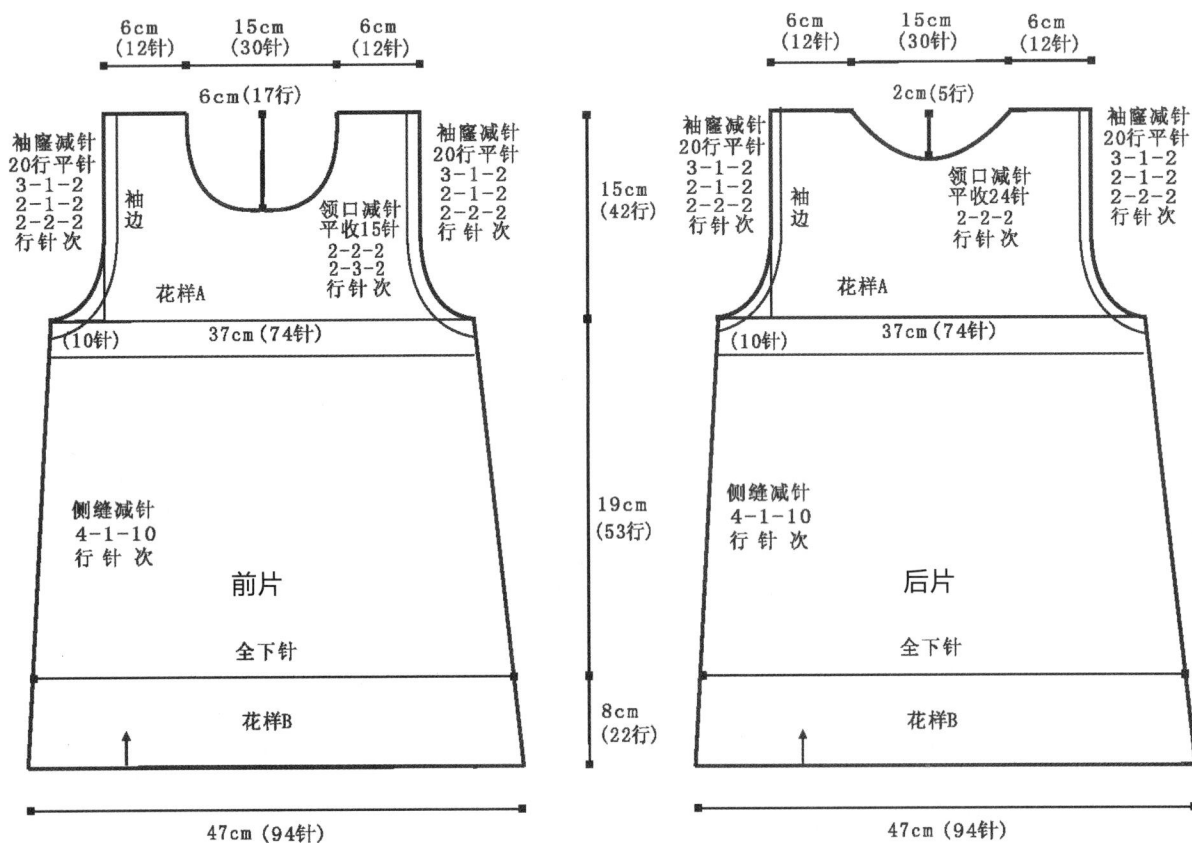

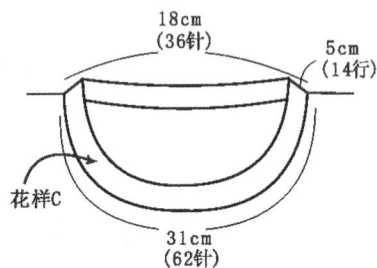

领子结构图

花样 C

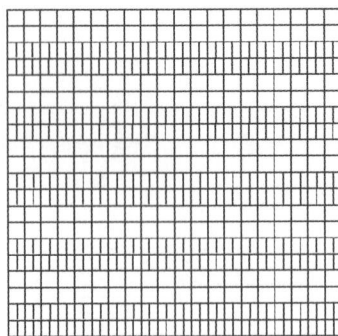

花样 B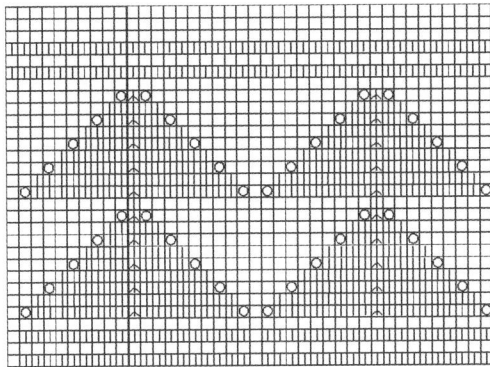

花样 A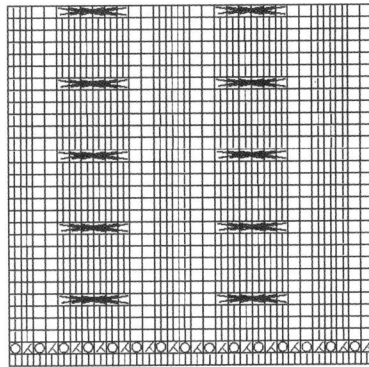

全下针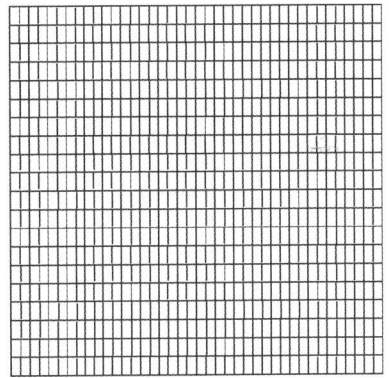

梦幻优雅公主裙

【成品尺寸】衣长 42cm　胸围 74cm

【工　　具】10 号棒针 4 支　钩针 1 支

【材　　料】深黄色羊毛绒线、浅黄色线各少许

【密　　度】10cm² : 20 针 ×28 行

【制作过程】

1.前片：按图用机器边起针法起 74 针，织全下针后，织至 6cm 时左右两边开始按图收成袖窿，再织 8cm 开领窝至织完成。

2.后片：织法与前片一样，只是需按图开领窝。

3.编织结束后，将前后片侧缝、肩部、缝合。

4.下摆另织，起 148 针，织 21cm 花样 A，按图 A 与 B 缝合，下边不缝，再与前后片，于中心点编左处缝合。

5.领圈挑 70 针，织 2cm 双罗纹。

6.装饰：两袖口和下摆用钩针，浅黄色线钩织花边，用钩针钩织小花用于装饰。蝴蝶结片与中间索另织好，织花样 B。中间索把蝴蝶结打皱褶索紧，按彩图缝合。毛衣编织完成。

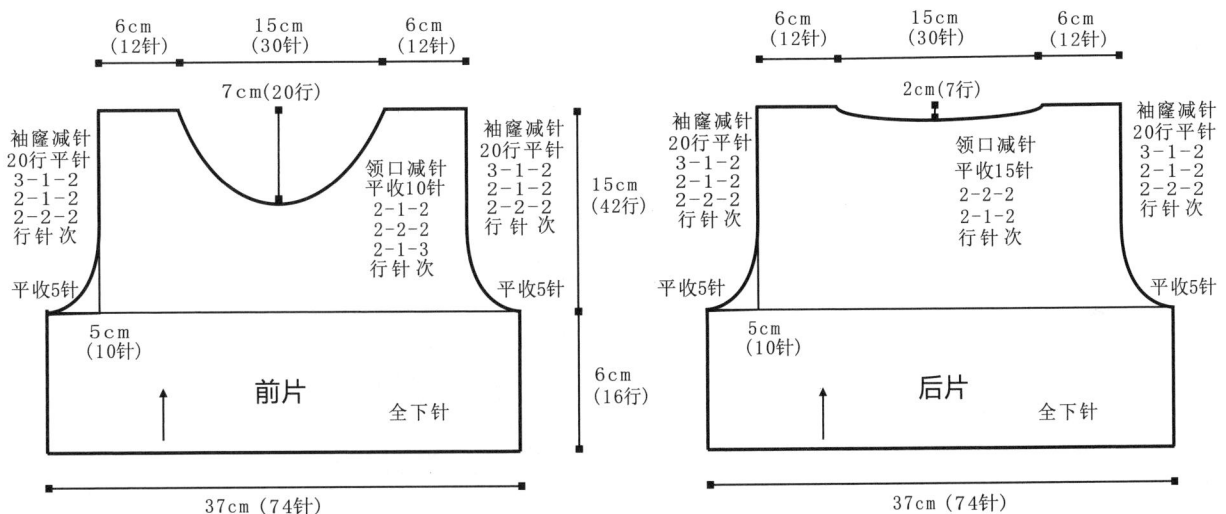

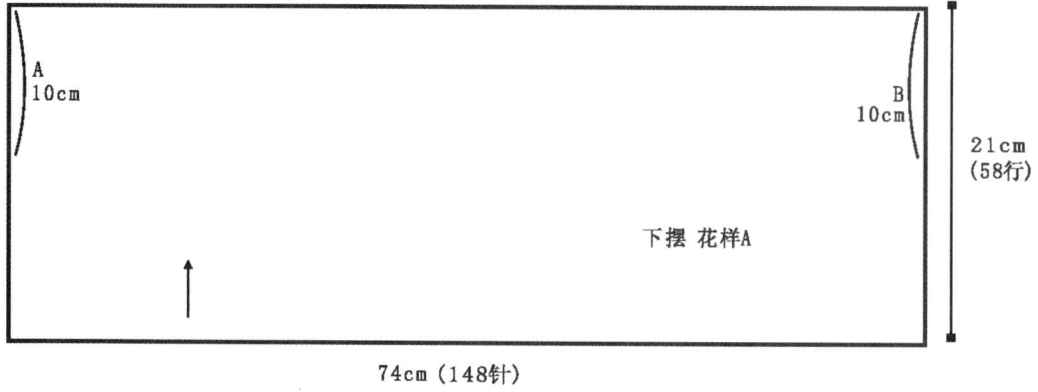

A
10cm

B
10cm

21cm
(58行)

下摆 花样A

74cm（148针）

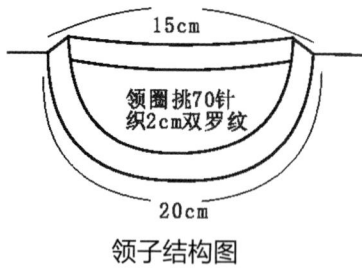

15cm

领圈挑70针
织2cm双罗纹

20cm

领子结构图

钩针花边

全下针

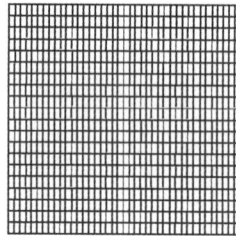

双罗纹

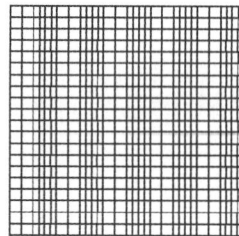

蝴蝶结
花样B

6cm
（16行）

蝴蝶结中间索

花样B

6cm
（16行）

4cm
（8针）

花样 B

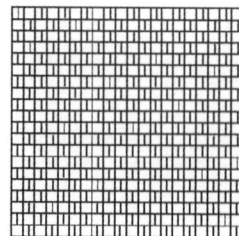

花样 A

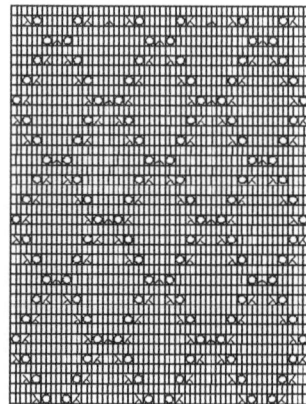

可爱钩织开衫

【成品尺寸】衣长 32cm　胸围 29cm　连肩袖长 26cm

【工　　具】5 号可乐钩针

【材　　料】鹅黄牛奶棉线 220g　白色棉线 60g

【密　　度】上半部分：10cm² : 30 针 ×4 行　　下半部分：10cm² : 30 针 ×10 行

【附　　件】花色纽扣 5 枚

【制作过程】

1. 前片：左前片起 54 针，钩花样 B，钩 22cm，再改织 10cm 花样 B，按图减针，留出门襟位置。按照左前片织法钩织右前片。

2. 后片：起 60 个辫子针，钩 4 组花样 A，共 8 行，第 1 行每两针加 1 针，第 3 行每 4 针加 1 针，第 5、7 行每 6 针加 1 针，加的针数必须是双数（注意换线），第 8 行袖口的地方连接，留出袖子，圈钩。钩 13 圈花样 B，在袖口位置挑针钩袖子，钩 11 圈花样 B。

3. 用长针钩门襟，完成门襟，用白色线在门襟对应的针数钩花边。

4. 钩袖子与下摆花边。

5. 缝上纽扣。编织完成。

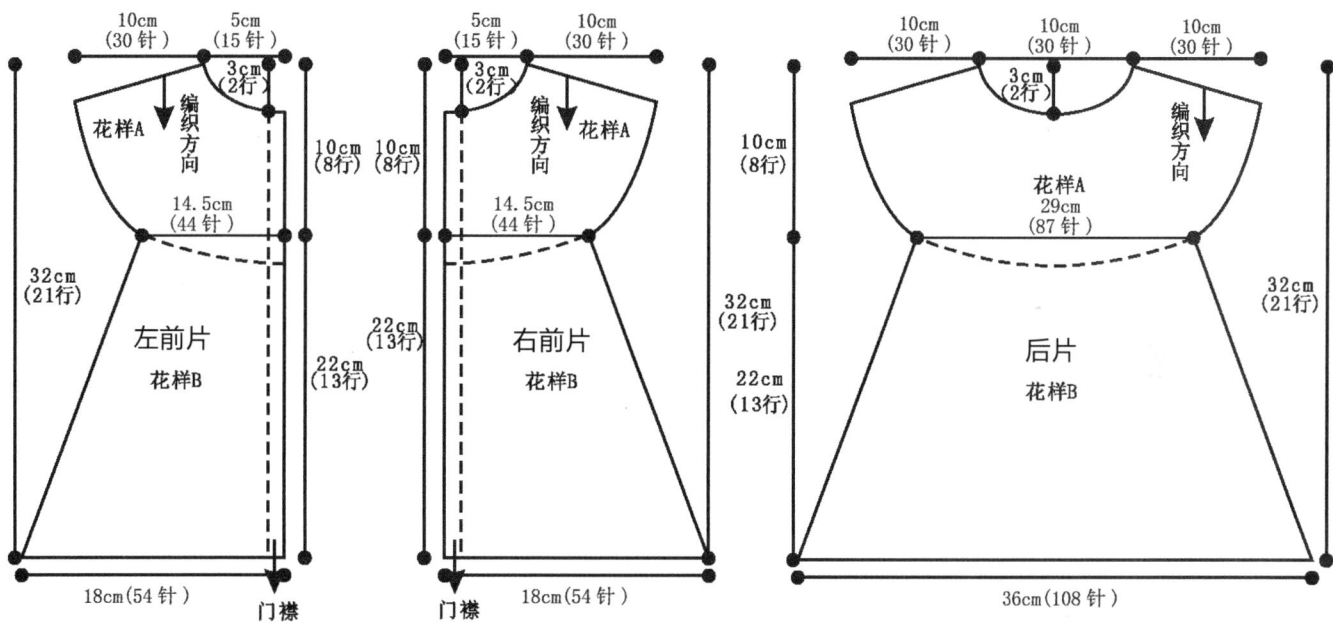

花边花样：钩 3 辫子针 1 珠针 1 短针

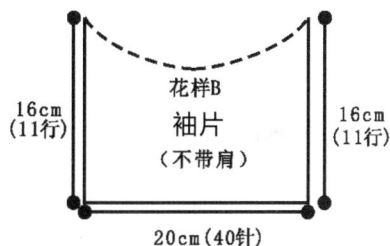

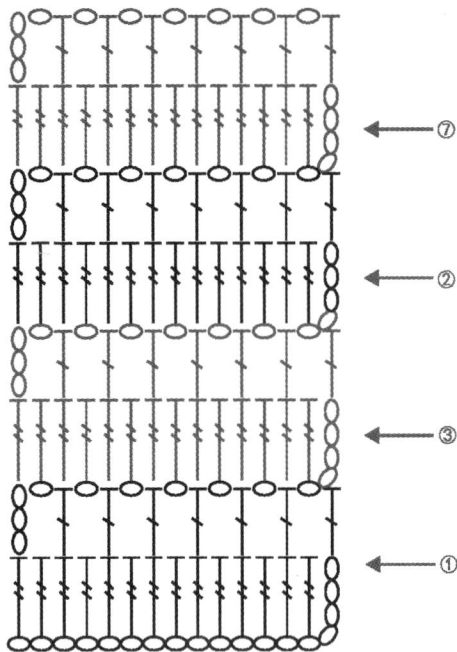

花样 A ： 第 1 行辫子针
第 2 行 4 辫子针起立 + 长长针
第 3 行 3 辫子针起立 +1 短针 +1 长针

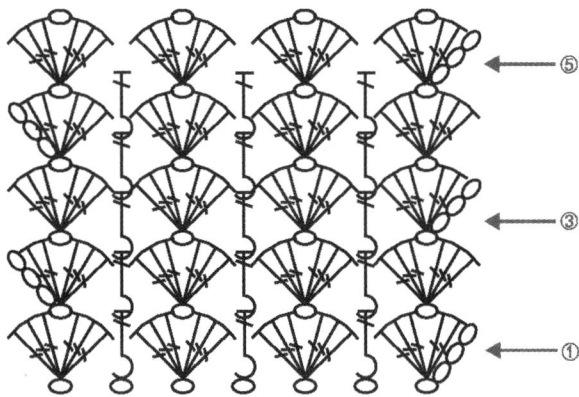

花样 B ： 3 长针 +1 短针 +3 长针 +1 长针正浮针

带帽连衣裙

【成品尺寸】衣长 42cm　胸围 74cm

【工　　具】10 号棒针 4 支　钩针 1 支

【材　　料】玫红色羊毛绒线 400g

【密　　度】10cm² ：20 针 ×28 行

【附　　件】自编的装饰带子 1 根　毛毛球 1 个

【制作过程】

1. 前片：按图用一般起针法起 40 针，织 3cm 来回下针后，改织全下针，侧缝按图减针，织至适合长度后改织花样 A，再织 5cm 后左右两边开始按图收成袖窿，再织 15cm 时开领窝至织完成。

2. 后片：织法与前片一样，只是需按图开领窝。

3. 编织结束后，将前后片侧缝、肩部缝合。

4. 装饰：穿好自编的带子和毛毛球装饰。毛衣编织完成。

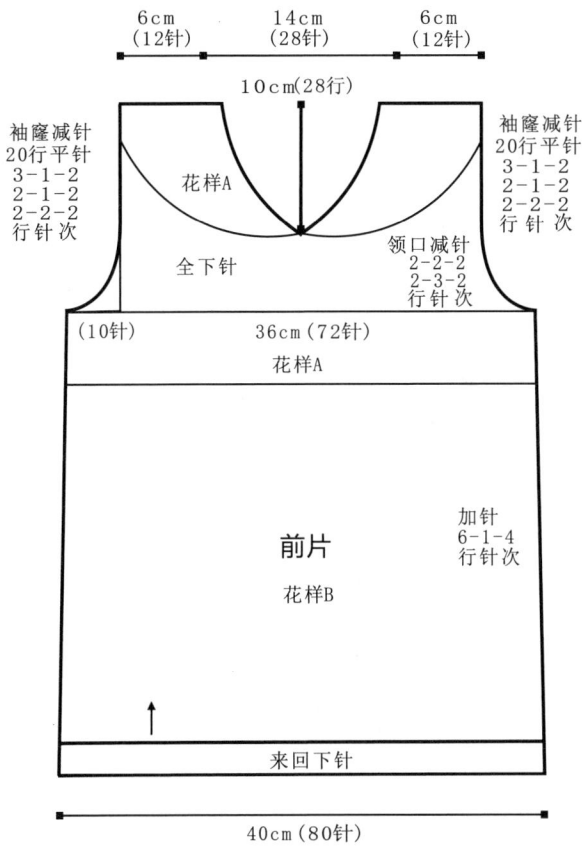

6cm
(12针)
14cm
(28针)
6cm
(12针)

10cm(28行)

袖窿减针
20行平针
3-1-2
2-1-2
2-2-2
行针次

花样A

袖窿减针
20行平针
3-1-2
2-1-2
2-2-2
行针次

领口减针
2-2-2
2-3-2
行针次

全下针

(10针)
36cm(72针)
花样A

前片
花样B

加针
6-1-4
行针次

来回下针

40cm(80针)

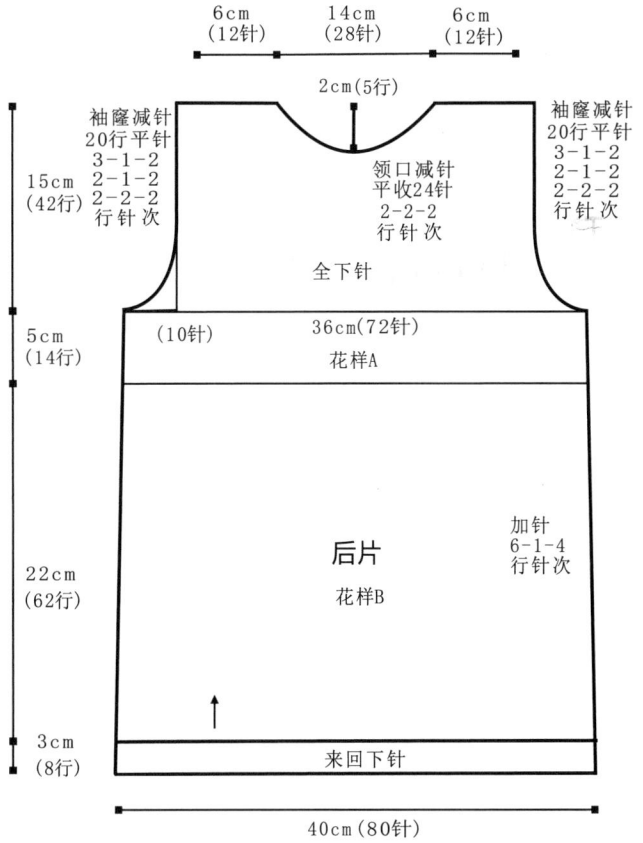

6cm
(12针)
14cm
(28针)
6cm
(12针)

2cm(5行)

袖窿减针
20行平针
3-1-2
2-1-2
2-2-2
行针次

领口减针
平收24针
2-2-2
行针次

袖窿减针
20行平针
3-1-2
2-1-2
2-2-2
行针次

全下针

(10针)
36cm(72针)
花样A

后片
花样B

加针
6-1-4
行针次

来回下针

40cm(80针)

15cm
(42行)

5cm
(14行)

22cm
(62行)

3cm
(8行)

钩织花边

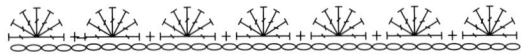

单罗纹

14cm

用钩针钩织花边

领子结构图

14cm
(28针)

帽子
单罗纹
2片

减针
2-1-14
行针次

7cm
(20行)

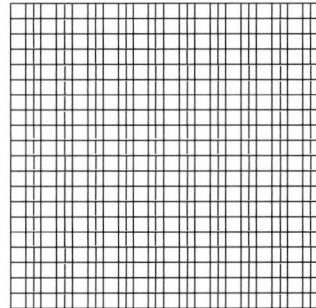

全下针

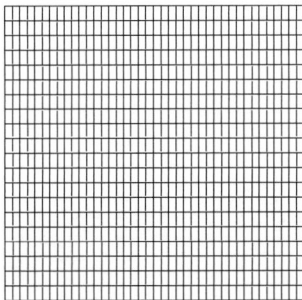

花样B

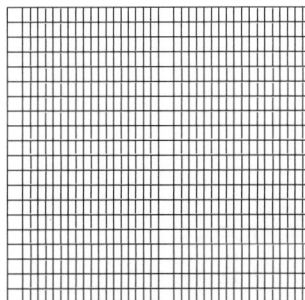

花样A

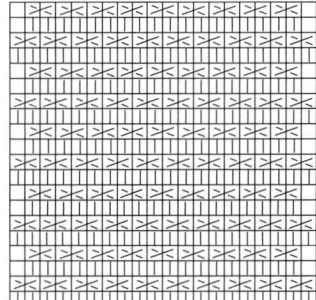

105

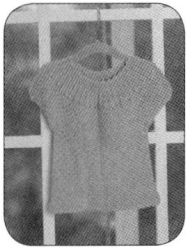

菠萝纹短袖毛衣

【成品尺寸】衣长 42cm　胸宽 35cm　肩袖长 7cm
【工　　具】10 号、12 号棒针各 4 支　钩针 1 支
【材　　料】蓝色奶棉线 250g
【密　　度】花样 A 10cm² : 20 针 ×26 行　花样 B 10cm² : 26 针 ×35 行
【附　　件】亮珠 50 粒　亮片若干

【制作过程】

1. 从上往下织，蓝色奶棉 10 号棒针起下针 72 针，圈织，按照花样 A 加针，织 9.5cm，换 12 号棒针编织花样 B，不加不减织 7.5cm（其中 4 行搓板针）。

2. 前后片：分成 4 份，袖各留 52 针，前、后身片各留 60 针；如图，前、后片两侧各放 5 针，圈织花样 A，不加不减，织 22.5cm，换织搓板针 2.5cm，收针断线。

3. 领口、袖窿、衣摆边钩织花样 C。

4. 在相应的位置钉上亮片、亮珠。毛衣编织完成。

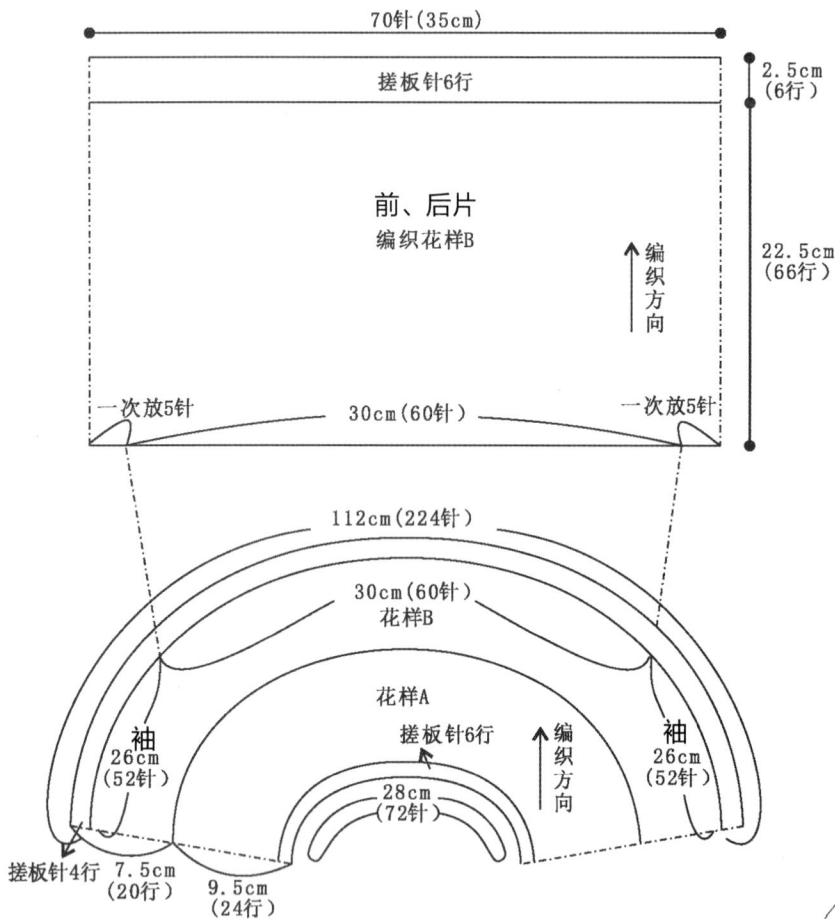

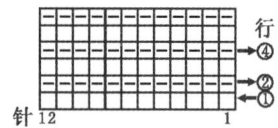

搓板针

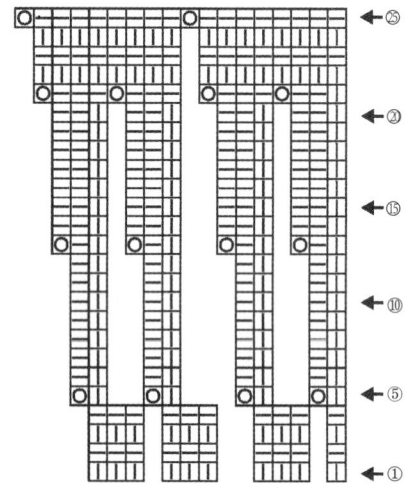

花样 A

花样 C

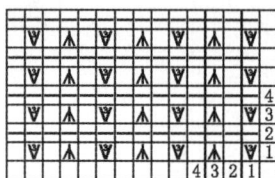

花样 B

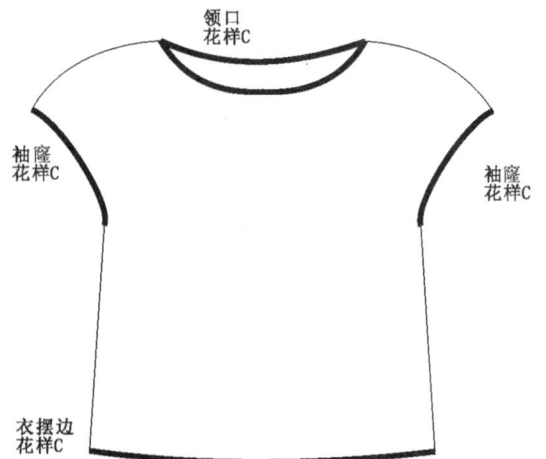

金鱼花纹娃娃裙

【成品尺寸】衣长 42cm　胸围 74cm　连肩袖长 20cm

【工　　具】10 号棒针 4 支　绣花针 1 支

【材　　料】浅红色羊毛绒线 400g

【密　　度】10cm² ：20 针 × 28 行

【附　　件】纽扣 4 枚　亮片若干

【制作过程】

1. 横向编织，从门襟织起，用一般起针法起 36 针，织花样 A 至另一门襟后，开始分前、后片和袖口，门襟合成一片为前片，编入金鱼花样，按编织方向，织花样 B，21cm 时改织 3cm 花样 C，后片织 21cm 花样 B 后，改织 3cm 花样 C。袖口挑 62 针，织 2cm 双罗纹。

2. 装饰：缝上纽扣和花样 A 的亮片。毛衣编织完成。

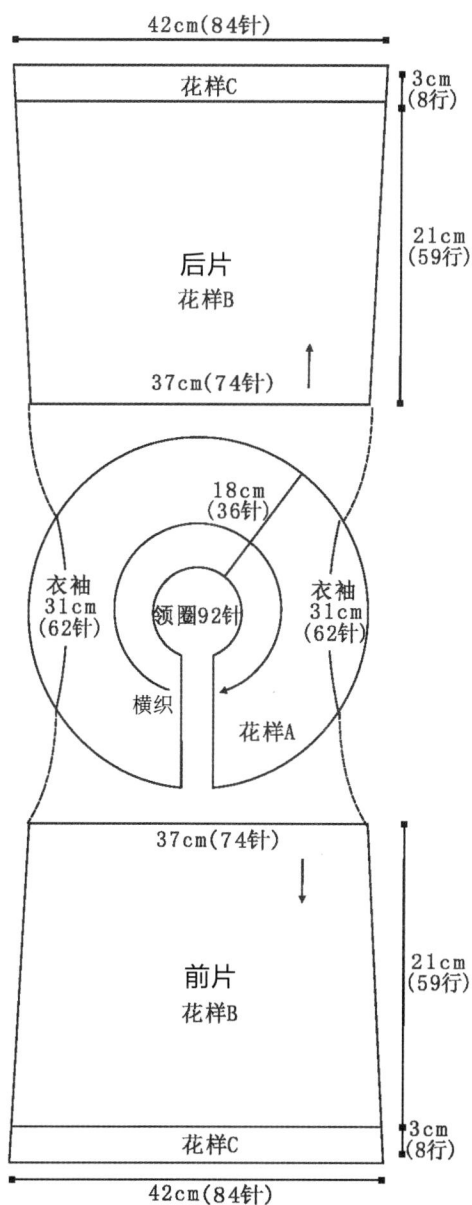

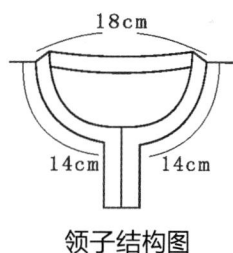

42cm(84针)

花样C

3cm
(8行)

后片
花样B

21cm
(59行)

37cm(74针)

18cm
(36针)

衣袖
31cm
(62针)

领圈92针

衣袖
31cm
(62针)

横织

花样A

37cm(74针)

前片
花样B

21cm
(59行)

花样C

3cm
(8行)

42cm(84针)

18cm

14cm　14cm

领子结构图

花样 B

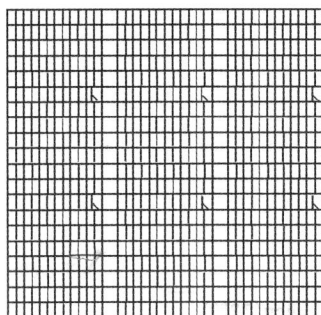

花样 A

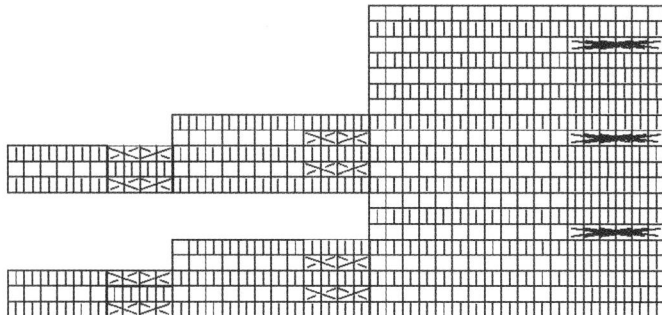

花样 C

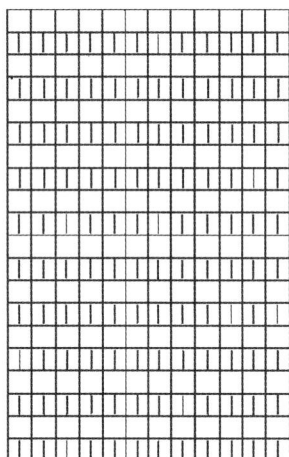

金鱼花样

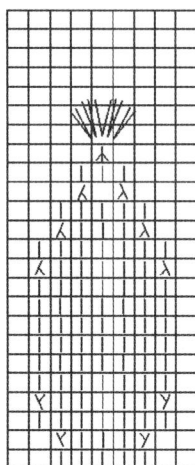

蝴蝶结圆领娃娃装

【成品尺寸】衣长 45cm　胸 72cm

【工　　具】10 号棒针 4 支　绣花针 1 支

【材　　料】玫红色羊毛绒线 500g

【密　　度】10cm² : 20 针 × 28 行

【制作过程】

1. 前片: 分上下片编织, 上片起 72 针, 织全下针, 左右两边按图收成袖窿, 织 9cm 开领窝至织完成。下片分左右两片编织, 左片按图起 45 针, 先织 3cm 双罗纹后, 改织全下针, 侧缝按图减针, 至织完成。同样方法织右片。两边门襟挑 60 针, 织 3cm 双罗纹。下片分别打皱褶与上片缝合。

2. 后片: 按图起 90 针, 先织 3cm 双罗纹后, 改织全下针, 至适合长度改织双罗纹, 侧缝按图减针, 织至 27cm 时, 改织全下针, 左右两边按图收成袖窿, 13cm 时开领窝。

3. 袖片另织, 起 64 针, 先织 3cm 双罗纹后改织全下针, 并按图减针收成袖山。

4. 编织结束后, 将前后片侧缝、肩部、袖片缝合。

5. 领圈挑 80 针, 织 5cm 单罗纹, 形成圆领。

6. 中间装饰花按狗牙边花样另织好, 中间打皱褶按图缝合。毛衣编织完成。

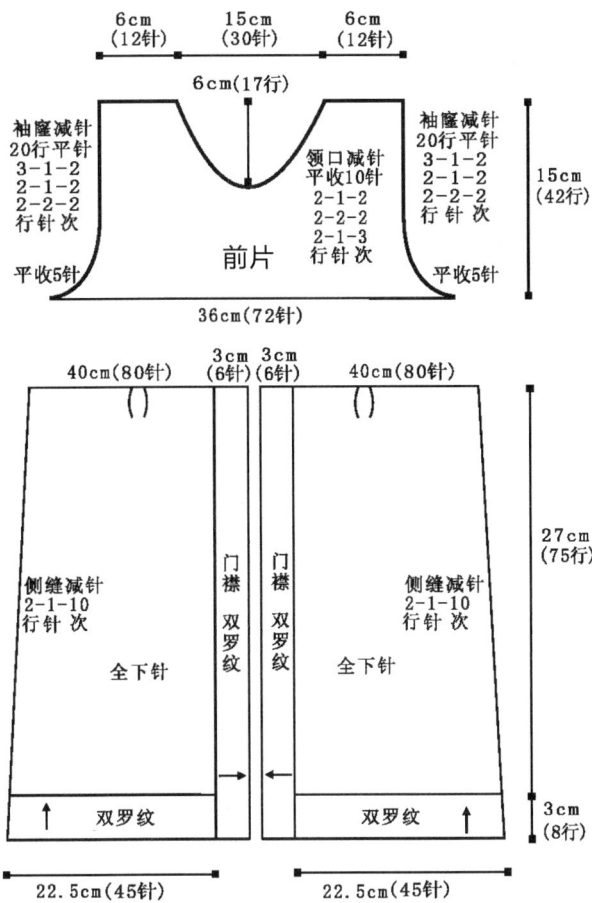

6cm
(12针)
15cm
(30针)
6cm
(12针)

6cm(17行)

袖窿减针
20行平针
3-1-2
2-1-2
2-2-2
行针次

领口减针
平收10针
2-1-2
2-2-2
2-1-3
行针次

15cm
(42行)

前片

平收5针

平收5针

36cm(72针)

40cm(80针)
3cm
(6针)
3cm
(6针)
40cm(80针)
()
()

侧缝减针
2-1-10
行针次

门襟
双罗纹

门襟
双罗纹

侧缝减针
2-1-10
行针次

全下针

全下针

27cm
(75行)

双罗纹

双罗纹

3cm
(8行)

22.5cm(45针)

22.5cm(45针)

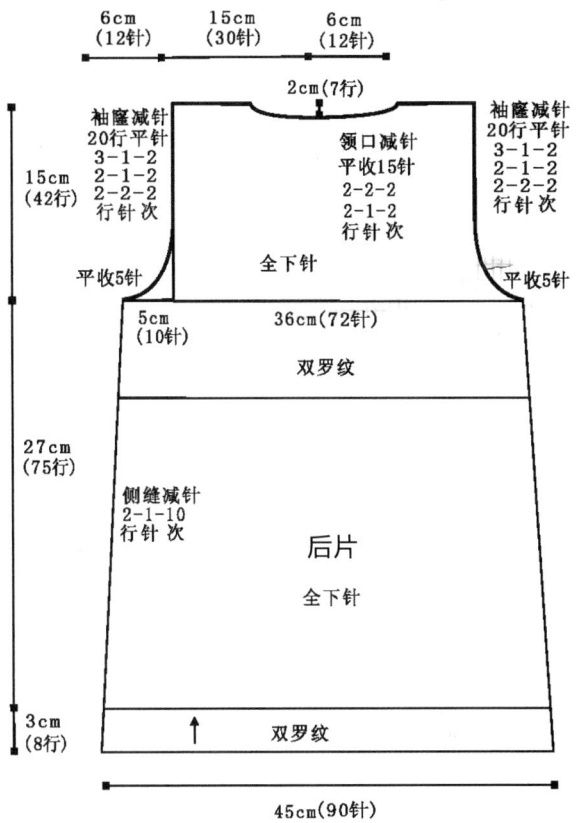

6cm
(12针)
15cm
(30针)
6cm
(12针)

2cm(7行)

袖窿减针
20行平针
3-1-2
2-1-2
2-2-2
行针次

领口减针
平针15针
2-2-2
2-1-2
行针次

袖窿减针
20行平针
3-1-2
2-1-2
2-2-2
行针次

15cm
(42行)

全下针

平收5针

平收5针

5cm
(10针)
36cm(72针)

双罗纹

27cm
(75行)

侧缝减针
2-1-10
行针次

后片

全下针

3cm
(8行)

双罗纹

45cm(90针)

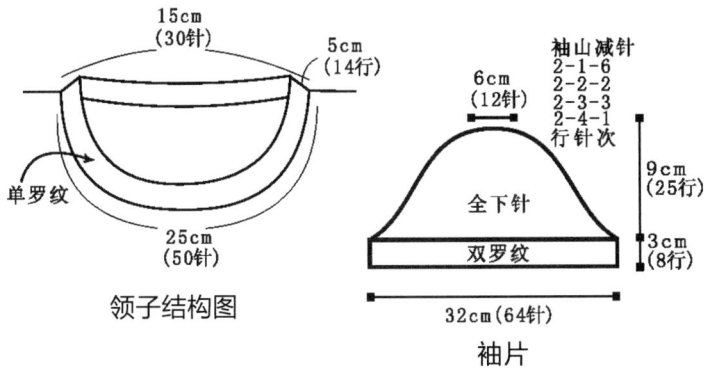

15cm
(30针)

5cm
(14行)

单罗纹

25cm
(50针)

领子结构图

袖山减针
2-1-6
2-2-2
2-3-3
2-4-1
行针次

6cm
(12针)

全下针

9cm
(25行)

双罗纹

3cm
(8行)

32cm(64针)

袖片

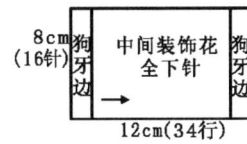

8cm
(16针)
狗牙边
中间装饰花
全下针
狗牙边

12cm(34行)

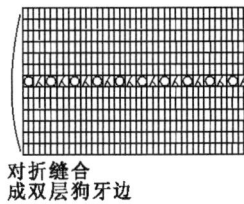

对折缝合
成双层狗牙边

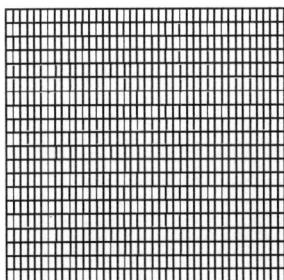

全下针

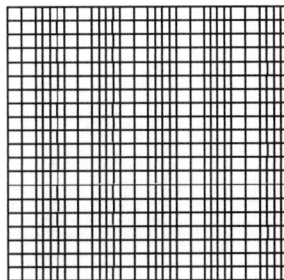

双罗纹

绿色花朵无袖毛衣

【成品尺寸】衣长 45cm 胸围 80cm
【工　　具】10 号棒针 4 支 钩针 1 支
【材　　料】绿色羊毛绒线 400g
【密　　度】10cm² ：20 针 ×28 行

【制作过程】

1. 前片：按图用机器边起针法起 80 针，织 5cm 单罗纹后，改织全下针，织至 25cm 时左右两边开始按图收成袖窿，并同时改织花样，再织 9cm 开领窝织至织完成。

2. 后片：织法与前片一样，只是需按图开领窝。

3. 编织结束后，将前后片侧缝、肩部缝合。

4. 领圈挑 80 针，织 5cm 单罗纹，形成圆领。袖口挑适合针数，织 5cm 单罗纹。

5. 用钩针钩织 5 朵小花。毛衣编织完成。

前片

6cm（12针） 15cm（30针） 6cm（12针）
6cm（17行）

袖窿减针
20行平针
3-1-2
2-1-2
2-2-2
行针次

平收5针

领口减针
平收10针
2-1-2
2-2-2
2-1-3
行针次

袖窿减针
20行平针
3-1-2
2-1-2
2-2-2
行针次

平收5针

5cm（10针）

前片
全下针

单罗纹

40cm（80针）

15cm（42行）

25cm（70行）

5cm（14行）

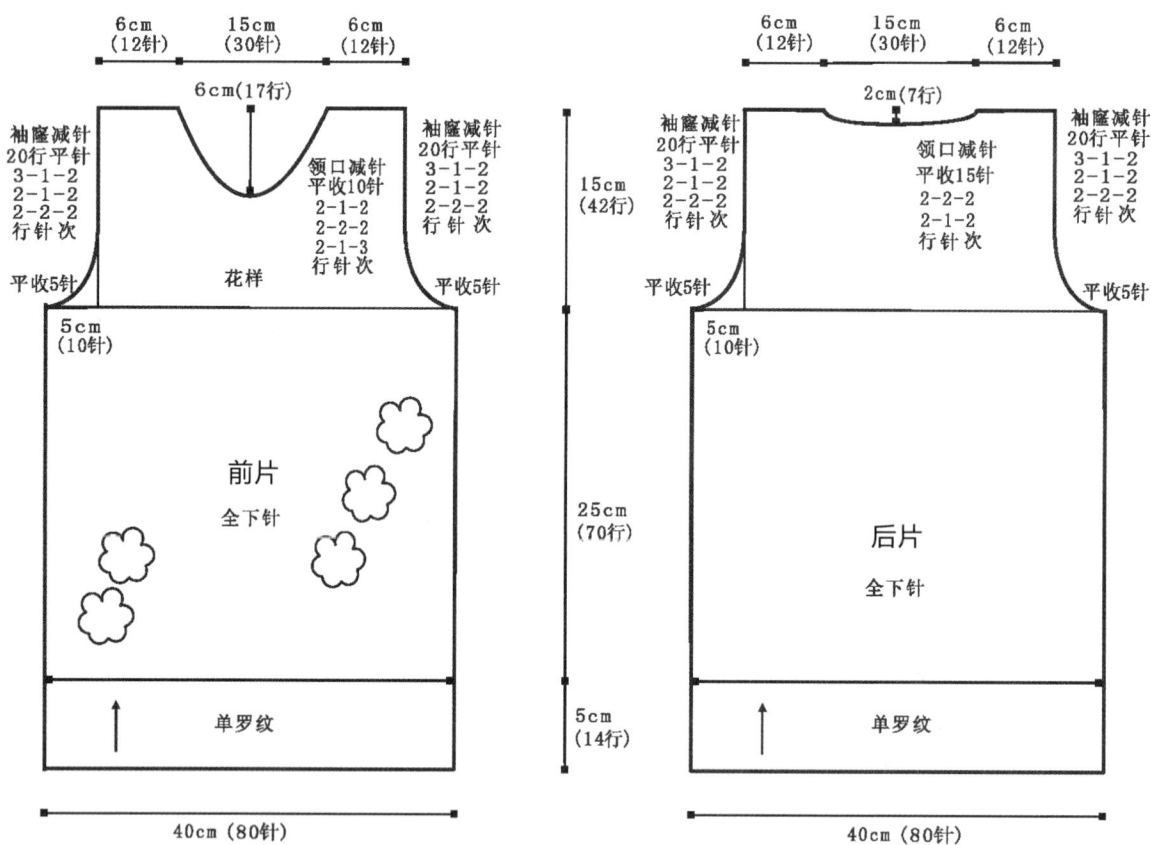

后片

6cm（12针） 15cm（30针） 6cm（12针）
2cm（7行）

袖窿减针
20行平针
3-1-2
2-1-2
2-2-2
行针次

平收5针

领口减针
平收15针
2-2-2
2-1-2
行针次

袖窿减针
20行平针
3-1-2
2-2-2
行针次

平收5针

5cm（10针）

后片
全下针

单罗纹

40cm（80针）

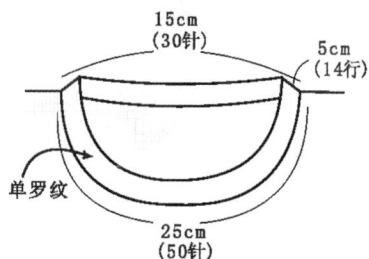

15cm（30针） 5cm（14行）

单罗纹

25cm（50针）

领子结构图

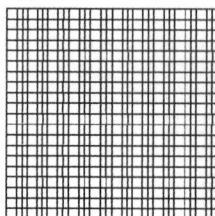

单罗纹

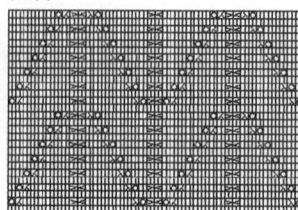

花样

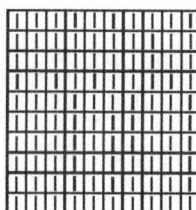

全下针

甜美娃娃衣

【成品尺寸】衣长 42cm　胸围 74cm　连肩袖长 19cm
【工　　具】10 号棒针 4 支
【材　　料】绿色羊毛绒线 400g
【密　　度】10cm² ：20 针 ×28 行
【附　　件】自编装饰球 2 枚

【制作过程】

1. 前片：用一般起针法起 74 针，织 3cm 花样 B 后，改织花样 A，织至 24cm 时左右两边开始按图收成插肩袖，再织 9cm 开领窝，至织完成。

2. 后片：织法与前片一样，需按图开领窝。

3. 袖片：用一般起针法起 64 针，织 3cm 花样 B 后，改织花样 A，按图示均匀减针，收成插肩袖山。

4. 编织结束后，将前后片、侧缝、袖子缝合。

5. 领圈挑 98 针，织 5cm 双罗纹，形成圆领。

6. 装饰：系上装饰球。毛衣编织完成。

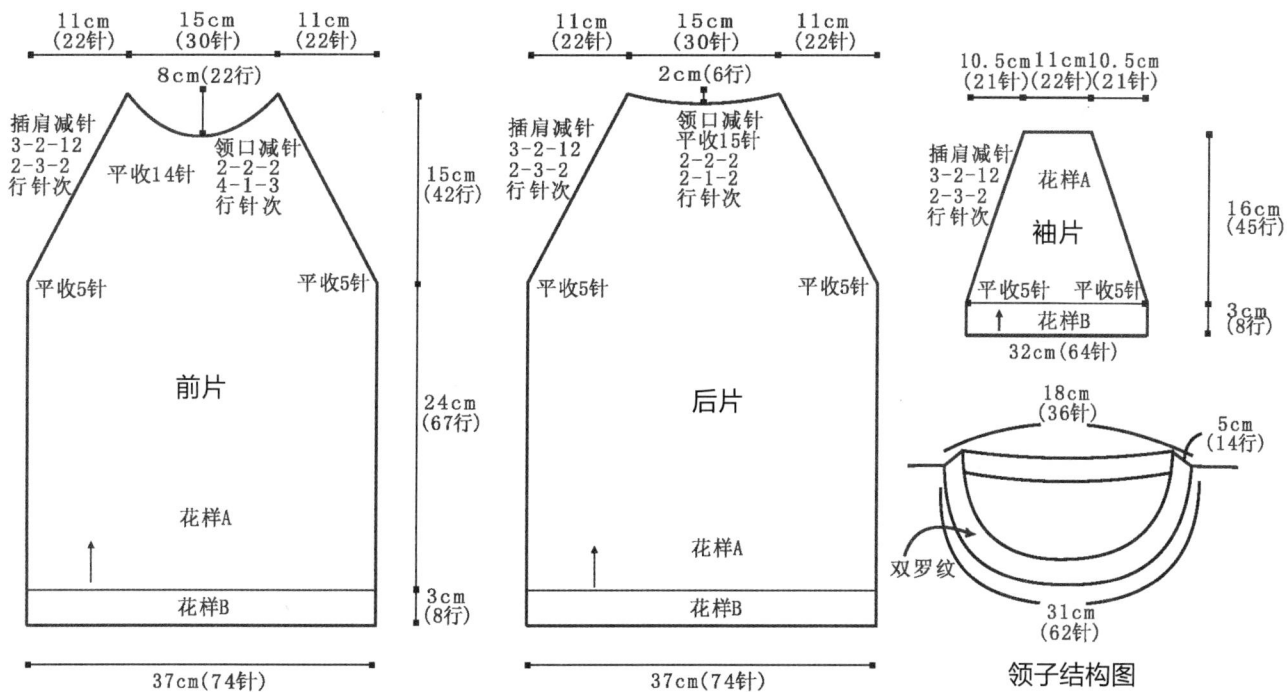

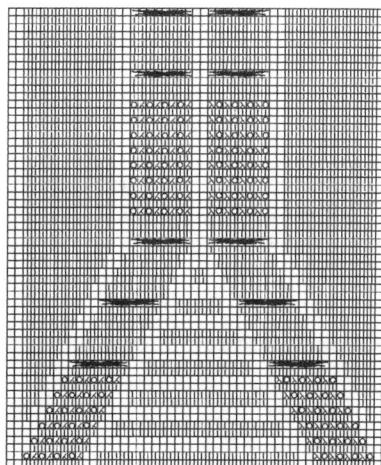

领子结构图

花样 A

双罗纹　　　　　花样 B

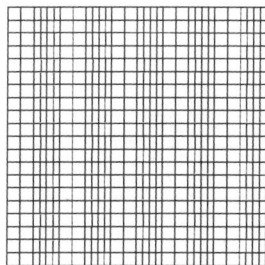

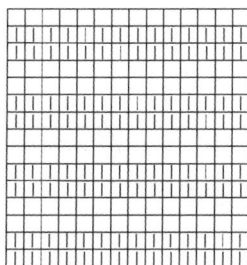

百褶毛线裙

【成品尺寸】衣长 35cm　胸围 26cm
【工　　具】5 号可乐钩针
【材　　料】宝宝蓝、白色棉线各 100g
【密　　度】10cm² : 30 针 × 10 行

【制作过程】

1. 分上下两部分开始钩，先织上半部分，起 126 个辫子针，圈钩。

2. 钩 6 圈花样 A，开始减针（参考前后片图解）。

3. 从反方向开始钩花样 B（参考前后片图解）。

4. 缝合肩膀，用蓝色棉线在领口与袖口处钩 1 圈短针（参考图示）。

5. 钩装饰花 3 朵，按图示缝上装饰花。毛衣编织完成。

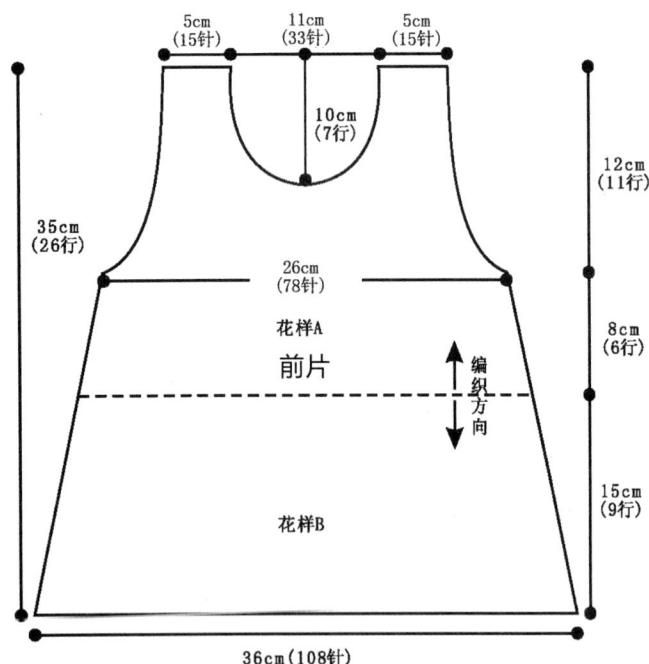

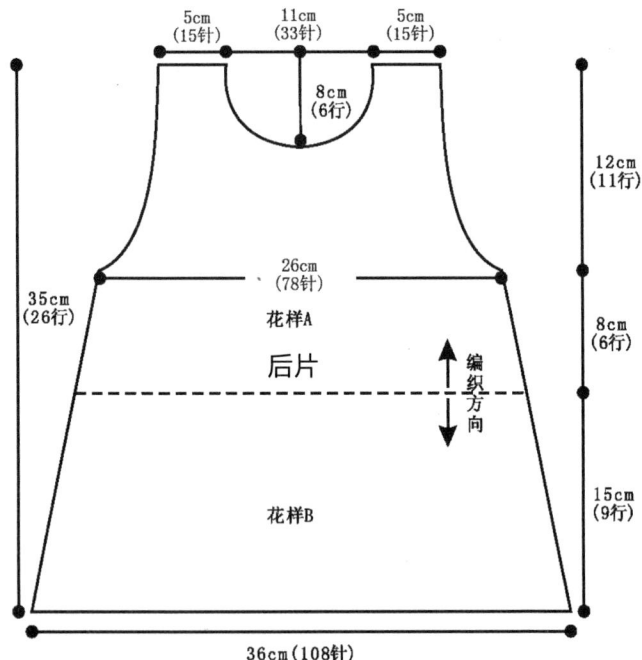

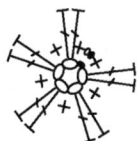

装饰花：
第 1 圈 5 个辫子针 1 引拔针
第 2 圈 1 短针 2 长针 1 短针，
重复 5 次

领口袖口边：
1 个辫子针上 3 短针

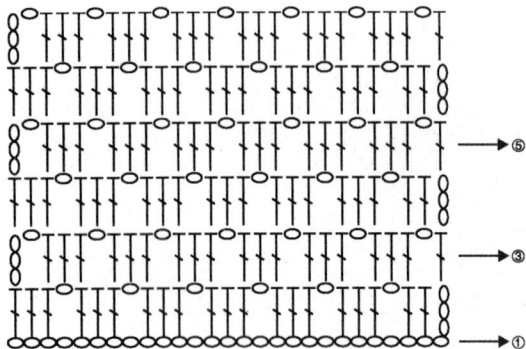

花样 A：
第 1 行钩辫子针
第 2 行 3 长针 1 辫子针

花样 B：
第 1 行钩辫子针
第 2 行 3 长针 1 辫子针 3 长针 1 长针正浮针，重复，钩 4 行
第 6 行 4 长针 1 辫子针 4 长针 1 长针正浮针
第 7 行 5 长针 1 辫子针 5 长针 1 长针正浮针